EVA-MARIA DREYER

Basic

Schmetterlinge

143 ARTEN einfach und sicher erkennen

KOSMOS

Schnell zur richtigen Art mit dem **KOSMOS-FARBCODE**

SCHMETTERLINGE gehören zu den farbenprächtigsten Tieren in der Natur. Diese Vielfalt an Farben mag auf den ersten Blick vielleicht verwirrend erscheinen, doch der **KOSMOS-FARBCODE** hilft dir bei der Bestimmung schnell auf den richtigen Weg. Wir haben die Schmetterlinge in diesem Buch nach den auffälligen Grundfarben ihrer Flügel sortiert, nach Weiß, Gelb, Orange, Blau, Grün und Braun. Alle übrigen, besonders bunten und mehrfarbigen Schmetterlinge findest du in der Rubrik »Flügel mehrfarbig«. Innerhalb jeder Farbgruppe werden zuerst die Tagfalter und danach die Nachtfalter beschrieben. Sofern die Geschlechter unterschiedlich gefärbt sind, haben wir die Falter nach der Farbe der auffälligeren Männchen einsortiert. Die dazugehörigen Weibchen werden dann jeweils im Text beschrieben.

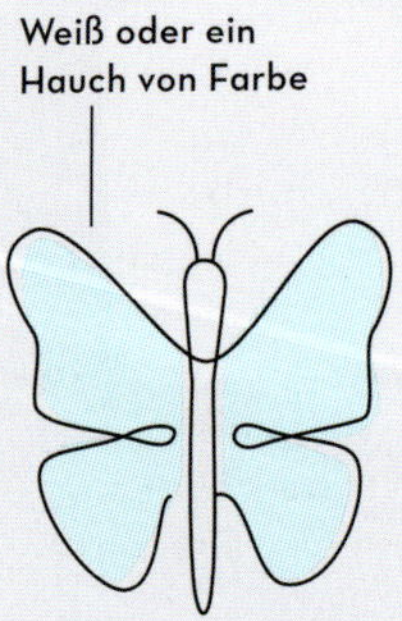

SEITE 7 BIS 21

Weiße Flügel

In der Farbgruppe Weiß sind unsere häufigsten und bekanntesten Tagfalter vertreten – etwa der Kohlweißling, der Rapsweißling oder der Aurorafalter.

⟶ Überproportional groß ist in dieser Gruppe der Anteil der Nachtfalter, beispielsweise die Nonne oder das ungewöhnliche Federgeistchen.

KURZINFO
Der Farbbalken hilft bei der Navigation durch das Buch

SEITE 22 BIS 33

Gelbe Flügel

Die Gruppe der Schmetterlinge mit überwiegend gelber Flügelfarbe ist nur klein. Tagfalter wie der Schwalbenschwanz und der Zitronenfalter gehören dazu.
→ Als Vertreter der Nachtfalter sind neben anderen der Zitronenspanner und der Pantherspanner aufgeführt.

Hauptfarbe Gelb

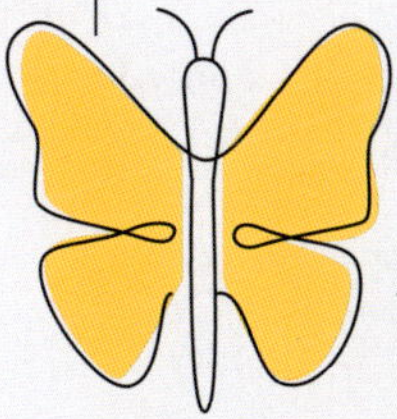

SEITE 34 BIS 51

Orangefarbene Flügel

Orange überwiegt

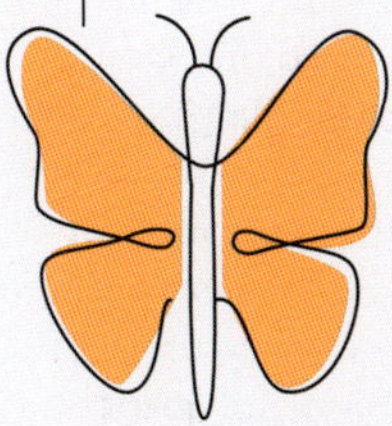

Schmetterlinge mit überwiegend orangefarbenen Flügeln bilden eine der größten Gruppen unter den Tagfaltern. Nachtfalterarten sind in dieser Gruppe dagegen nur wenige vertreten.
→ Hier findest du tagaktive Distelfalter, Feuerfalter, Perlmuttfalter und viele Scheckenfalter beschrieben. Nachtaktiv ist beispielsweise die Pflaumenglucke.

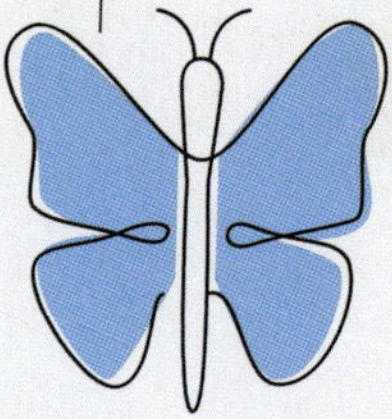

SEITE 52 BIS 63

Blaue Flügel

Zu den Tagfaltern mit überwiegend blauen Flügeln gehören v. a. die Schillerfalter und viele Bläulings-Arten. Nachtfalter sind in dieser Gruppe nicht vertreten.
→ Das Blau der Bläulinge zeigt eine große Variationsbreite. Wir finden je nach Art Blautöne von Blassblau über Graublau bis hin zu Blauviolett.

SEITE 64 BIS 71

Grüne Flügel

Die Gruppe der Schmetterlinge mit überwiegend grünen Flügeln ist nur klein. Und mit Ausnahme des Grünen Zipfelfalters, der zu den Tagfaltern gehört, sind alle anderen Nachtfalter.

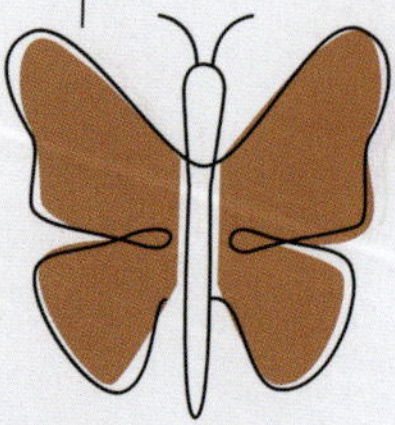

SEITE 72 BIS 95

Braune Flügel

Die Gruppe der Schmetterlinge mit überwiegend braunen Flügeln ist sehr artenreich. Tagfalter wie das Landkärtchen sind hier aufgeführt oder der Trauermantel, der Waldportier und die Mohrenfalter.

FARBEN-VIELFALT
Die wunderschönen, oft schillernden Farben der Falter entstehen durch Lichtbrechung an der Oberfläche der Flügel, die mit feinen Schuppen bedeckt sind.

→ Auch viele Nachtfalter sind braun, Beispiele hierfür sind die Kiefernschwärmer und die bekannte Hausmutter.

SEITE 96 BIS 121

Mehrfarbige Flügel

In diese Farbgruppe gehören all die Falter, die nicht eindeutig einer der vorhergehenden Farbgruppen zuzuordnen sind. Tagfalter in dieser Gruppe sind das Tagpfauenauge, der Admiral oder der Osterluzeifalter.
→ Die große Mehrzahl der Arten in dieser Farbgruppe sind Nachtfalter, von denen aber längst nicht alle nur nachtaktiv sind. Viele der zu den Nachtfaltern gehörenden Arten sind am Tag aktiv, so z. B. das Blutströpfchen oder das Taubenschwänzchen.

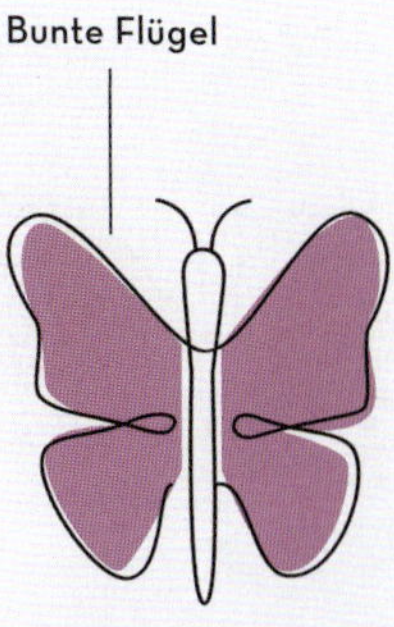

Basiswissen
SCHMETTERLINGE

TAGFALTER ODER NACHTFALTER? Wie nähert man sich der Vielfalt in der Schmetterlingswelt? Ein möglicher Ansatz ist die Einteilung in 2 Gruppen – die Tag- und die Nachtfalter. Sehr verallgemeinert kann man sagen: Tagfalter sind am Tag aktiv, Nachtfalter in der Nacht. Aber wie immer in der Natur gibt es auch hier Ausnahmen: die tagaktiven Nachtfalter. Zuverlässiger ist deshalb eine Unterscheidung anhand bestimmter äußerer Merkmale. Hier ein wenig Basiswissen.

Fühler

Tagfalter haben immer fadenförmig dünne Fühler, die am Ende knopfartig oder keulenförmig verdickt sind.
⟶ Die Fühler der Nachtfalter können ganz unterschiedlich geformt sein: kammartig, borstenförmig, mit Wimpernbüscheln ausgestattet oder fedrig gefiedert.

Flügelhaltung

Tagfalter klappen in Ruhe ihre Flügel senkrecht über dem Körper zusammen.
⟶ Nachtfalter dagegen tragen in Ruhe ihre Flügel entweder dachförmig über den Körper gelegt oder flach ausgebreitet.

ARTEN MIT WEISSEN FLÜGELN schneller bestimmen

AB SEITE 8

Tagfalter

Die Schmetterlingsfamilie der Weißlinge stellt die typischen Vertreter dieser Farbgruppe. → Doch nicht alle Weißlings-Arten sind reinweiß, viele haben andere Farbbeimischungen: schwarze, graue oder farbige Flügelspitzen wie die Kohlweißlinge oder der Aurofalter. Oder dunkle Flügeladern wie der Baumweißling.

AB SEITE 14

Nachtfalter

Durch die Natur flattern nachts viele Nachtfalter mit überwiegend weißen Flügeln – darunter reinweiße Arten wie der Schwan aus der Familie der Eulenfalter. Schwarze Punkte auf weißem Grund haben die Flügel der Traubenkirschen-Gespinstmotte.
→ Die weiße Nonne wiederum tritt regional auch in dunklen Varianten auf.

Du hast einen Schmetterling mit weißen Flügeln entdeckt.

↓

Schaue dir die Fühler und die Flügelhaltung an und entscheide, ob es ein Tag- oder Nachtfalter ist (S. 6).

↓

Hast du die Art als Tag- oder Nachtfalter erkannt, blätterst du zu der Seite, ab der diese Falter vorgestellt werden.

Die Raupe: ab August zu beobachten →

Baumweißling

Aporia crataegi

Spannweite 6–7 cm
Lebensraum Offenes Gelände, heckenreiche Landschaften, Obstanlagen, Gärten.
Flugzeit Von Mai bis Juli in 1 Generation.
Raupe Schlank, dicht behaart, zunächst dunkelbraun, später schwarz mit gelben Längsstreifen. Lebt gesellig in Gespinsten an Weißdorn, Schlehe oder Eberesche.
Überwinterung Als Jungraupen in einem gemeinsamen Gespinst an der Futterpflanze.

→ LEBENSWEISE Baumweißlinge sind kraftvolle und schnelle Flieger. Nur die Balztänze der Männchen sind langsam und flatternd. Diese Falter kann man oft an Distelblüten beim Nektarsaugen beobachten. Nach Sommerregen sieht man sie in größeren Gruppen am Rand von Pfützen, wo sie Mineralstoffe aufnehmen. Die leuchtend gelben Eier legen sie auf den Blattoberseiten von Futterpflanzen ab.

Typisch: graugrün bestäubte Adern auf der Flügelunterseite →

Rapsweißling

Pieris napi

Spannweite Etwa 4 cm
Lebensraum Typisch an Waldlichtungen, hellen Waldwegen, Böschungen, Feldrainen, Hecken, in Gärten. Weit verbreitet.
Flugzeit Von März bis Oktober in oft 3 Generationen.
Raupe Grün, kurz behaart, fein schwarz gepunktet, gelb umrandete Atemöffnungen.
Überwinterung Als Puppe. Überwinternde Puppe: weißlich gefärbt und kaum gezeichnet. Sommerpuppe: grünlich gelb, schwarz gefleckt.

→ **LEBENSWEISE Dieser Falter heißt auch Grünaderweißling. Beim Blütenbesuch wird deutlich, warum. Dann klappt er seine Flügel zusammen und zeigt die namengebenden graugrünen Adern an deren Unterseite. Das Weibchen legt die Eier einzeln oder in Grüppchen an Kreuzblütlern wie Schaumkraut oder Hederich ab, von deren Blättern die Raupen leben.**

Gelbe Eier: werden in dichten Gruppen an den Blattunterseiten abgelegt

Großer Kohlweißling

Pieris brassicae

Spannweite 5–6,5 cm
Lebensraum Einer unserer häufigsten Schmetterlinge, der überall in offenem Gelände auftritt. Als Kulturfolger findet man ihn auch in fast jedem Garten.
Flugzeit April bis Oktober in meist 2 oder 3 Generationen.
Raupe Gelblich grün mit zahlreichen, unterschiedlich großen schwarzen Flecken und Längsstreifen an Rücken und Seite.
Überwinterung Als Puppe.

LEBENSWEISE Kohlpflanzen und Kapuzinerkresse im Garten ziehen den Großen Kohlweißling magisch an. Die Raupen dieses Falters leben gesellig und können bei Massenauftreten innerhalb weniger Tage ein Kohlfeld kahl fressen. Aber es gibt auch natürliche Gegenspieler: Schlupfwespen, die ihre Eier in die Raupen ablegen. Die schlüpfenden Larven fressen dann die Kohlweißlingsraupen auf.

Raupe: hellgrün mit gelben Punkten an den Seiten →

Kleiner Kohlweißling

Pieris rapae

Spannweite 4–5 cm
Lebensraum Weit verbreiteter Bewohner offener Flächen. Häufig in Kulturland mit Feldern und Gärten, aber auch an Wegrändern, Bahndämmen und blütenreichen Böschungen.
Flugzeit März bis Oktober, in meist 2–3 Generationen.
Raupe Hellgrün, kurz behaart, mit einer Reihe gelber Punkte an den Seiten. Lebt an Ackersenf, Hederich und allen angebauten Kohlarten.
Überwinterung Als Puppe.

→ LEBENSWEISE Diesen in Mitteleuropa häufigen Weißling kennt jeder. Er sitzt oft und lange mit geschlossenen Flügeln auf den violetten Blüten von Disteln und Flockenblumen. Am Tag hält er seine Flügel im Sitzen stets geschlossen, gegen Abend breitet er sie zur Sonne aus. So nimmt er zusätzlich Wärme auf und kann seine Aktivitätszeit verlängern.

Flügelunterseite mit unregelmäßiger Fleckenzeichnung →

Aurorafalter

Anthocharis cardamines

Spannweite 3,5–4,5 cm
Lebensraum Überall häufig an feuchten blumenreichen Wiesen, Waldrändern und Hecken.
Flugzeit Von April bis Juni in 1 Generation.
Raupe Blaugrün mit schwarzen Pünktchen, an den Seiten heller, Unterseite dunkelgrün. Auf Wiesenschaumkraut, Knoblauchsrauke, Ackersenf und anderen Kreuzblütlern. Verpuppt sich im Juli.
Überwinterung Als Puppe.

→ **LEBENSWEISE** **Der Aurorafalter gehört wie der Zitronenfalter zu den frühesten Schmetterlingen im Jahr. Mit den orangefarbenen Flecken im weißen Flügel sind die Männchen unverkennbar. Den Weibchen fehlt dieses Orange. Die Falter sind eifrige Blütenbesucher. Sie ruhen mit zusammengeklappten Flügeln und sind dann durch die marmorierte Flügelunterseite gut getarnt.**

1 Schachbrett

Melanargia galathea

STECKBRIEF 4–5 cm Spannweite • Tagfalter, noch regelmäßig auf Magerrasen und Trockenhängen • Mai bis September • Flügeloberseiten mit weiß-braunem Fleckenmuster • Unterseiten grau bis gelbgrau, gefleckt, am Rand mit Augenflecken • Raupe hellgrün, Futterpflanzen sind Gräser.

2 Apollo

Parnassius apollo

STECKBRIEF 7–8 cm Spannweite • Geröllfelder, felsige Hänge, blühende Almwiesen • Mai bis September • Schmutzig weißer Falter mit schwarzen Flecken auf den Vorderflügeln und roten Augenflecken auf den Hinterflügeln • Raupe schwarz, kurz behaart, an den Seiten eine orangerote Fleckenreihe.

❶ Kleiner Frostspanner

Operophtera brumata

STECKBRIEF Etwa 2,4 cm Spannweite • Obstgärten und Laubwälder • Oktober bis Dezember • Weißgrauer Falter mit Wellenlinien auf den Vorderflügeln, Hinterflügel hellgrau, Weibchen flugunfähig, nur mit Flügelstummeln • Raupe grün, mit dunkler Rückenlinie und gelblichen Seitenstreifen.

❷ Birkenspanner

Biston betularia

STECKBRIEF 4,5–5 cm Spannweite • Laub- und Mischwälder, birkenreiche Moorgebiete, Parkanlagen • Mai bis Juli in 1 Generation • Weiße Flügel, mehr oder weniger dicht schwarz gesprenkelt • Raupe rindenbraun, grau oder grünlich bis rotbraun. Lebt auf Birken.

❸ Holunderspanner

Ourapteryx sambucaria

STECKBRIEF 4–5 cm Spannweite • Buschreiches Gelände, Laubwaldränder mit Holundergebüsch, Gärten • Juni bis August • Zart weiß-grünliche Flügel, 2 Linien über den Vorderflügeln, Hinterflügel mit 1 Linie und zipfeligem Fortsatz • Raupen gelbgrün bis braun, mit undeutlichen hellen Seitenstreifen.

❹ Weiße Tigermotte

Spilosoma lubricipeda

STECKBRIEF 3,5–4 cm Spannweite • Überall in Wäldern, Parks und Gärten • Mai bis August • Weißer Nachtfalter mit Haarbüschel auf dem Kopf, Flügeloberseite mit vielen kleinen schwarzen Flecken • Raupe dunkelbraun mit langen Haarbüscheln und roter Rückenlinie. An Löwenzahn oder Ampfer.

Raupe: graubraun gemustert, mit langen Haarbüscheln →

Nonne

Lymantria monacha

Spannweite Männchen 3,6–4 cm, Weibchen 4,5–5 cm
Lebensraum Verbreiteter Nachtfalter, der v. a. in dichten Fichten- und Kiefernwäldern lebt.
Flugzeit Von Juli bis September in nur 1 Generation.
Raupe Graubraun gemustert, mit langen Haarbüscheln. Jungraupen mit einem ovalen weißen Rückenfleck.
Überwinterung Als Ei.

→ **LEBENSWEISE Nonnenfalter sind nur in der späten Dämmerung und nachts aktiv. Die Raupen dieses gefürchteten Schädlings von Fichten- und Kiefernpflanzungen verursachen in regelmäßigen Abständen Kahlfraß an Kiefer, Fichte und Lärche. Kuckuck und Eichelhäher sind die natürlichen Feinde dieser Falter. Die Weibchen sind sehr flugträge. Meist sitzen sie an Baumstämmen und locken mit speziellen Duftstoffen die Männchen an. Die Eier legen sie in Rindenspalten ab.**

❶ Buchenstreckfuß

Calliteara pudibunda

STECKBRIEF Männchen bis zu 4,8 cm, Weibchen bis zu 6,2 cm Spannweite • Buchenwälder, Parks, Gärten • April bis Juli • Falter silbergrau mit breiter bräunlicher Querbinde • Raupe grünlich gelb, lang behaart, mit rotem Haarpinsel am Hinterende (Rotschwanz). Frisst hauptsächlich an Rotbuchen.

❷ Schwan

Sphrageidus similis

STECKBRIEF 2,8–3,5 cm Spannweite • Laubwälder, Parks, Gärten • Juni bis August • Weißer Schmetterling mit dunklem Doppelfleck am Innenrand des Vorderflügels, Körper auffällig weiß beborstet, gelbe Hinterleibsspitze • Raupe in den Farben Schwarz, Weiß und Rot. Lebt von Laubhölzern.

Raupe: lebt in einem Blattköcher unter Wasser →

Seerosenzünsler

Elophila nymphaeata

Spannweite 2–3 cm
Lebensraum Weit verbreitete Art, die in der Schwimmblattzone von Seen und Teichen lebt.
Flugzeit Von Mai bis September in 1–2 Generationen.
Raupe Klein, bräunlich, frisst zunächst Gänge in Stängel und Blätter von Seerosen, Laichkraut und anderen Wasserpflanzen. Nach der zweiten Häutung formt sie sich aus Blattstückchen einen Köcher, in dem sie sich auch verpuppt.
Überwinterung Als Raupe in einem Blattköcher am Gewässergrund.

→ **LEBENSWEISE Der Seerosenzünsler ruht am Tag in Wassernähe in der Vegetation. Dabei versucht er stets, kopfabwärts gerichtet zu hängen. In der Abenddämmerung und nachts ist er aktiv und fliegt in langsamem Schwirrflug am Ufer entlang. Das Weibchen heftet die Eier an Blattränder an die Unterseite von Schwimmblättern.**

❶ Nesselzünsler

Patania ruralis

STECKBRIEF Etwa 4 cm Spannweite • Überall häufig an Hecken, Zäunen und Waldrändern aller Art • Juli bis August • Großer, perlmuttfarben schimmernder Schmetterling, Flügel mit wellenartigen dunklen Linien • Flug tänzelnd, langsam • Raupen grün, in tütenartig gerollten Brennnesselblättern.

❷ Blausieb

Zeuzera pyrina

STECKBRIEF 5–6 cm Spannweite • Verbreitet in Obstplantagen und Baumschulen • Juni bis August • Weiße Flügel mit vielen runden stahlblauen Flecken, am Brustteil Doppelreihe mit je 3 blau schillernden Punkten • Raupe gelb mit dunklen Punktwarzen. Ernährt sich von Laubbaumholz.

Jeden Frühsommer: kahl gefressene, von Gespinsten überzogene Traubenkirschen →

Traubenkirschen-Gespinstmotte

Yponomeuta evonymella

Spannweite 1,6–2,5 cm
Lebensraum Flüsse, Auwälder, Wiesen mit Traubenkirschen.
Flugzeit Juli.
Raupe In der Färbung fleckig gelblich grün, lebt ausschließlich an Traubenkirschen in Gespinsten nestartig zusammen.
Überwinterung Als fertig entwickeltes Räupchen im Ei.

→ LEBENSWEISE Nach der Paarung legen die Weibchen ihre Eier an die Winterknospen von Traubenkirschen ab. Darin geschützt überwintern die jungen Raupen unter den Knospenschuppen. Im April schlüpfen sie und beginnen zu fressen. Innerhalb kurzer Zeit ist der Strauch kahl und wird silbrig eingesponnen. Ende Mai verpuppen sich die Raupen im Gespinst. Die weißen Falter schlüpfen im Juli. Die befallenen Sträucher treiben danach neu aus.

Huflattich-Federmotte: eine bräunliche, aber in der Gestalt ähnliche Verwandte →

Federgeistchen

Pterophorus pentadactyla

Spannweite 2,5–3,5 cm
Lebensraum Weit verbreitet auf Brachflächen, in Gärten, an Hecken und Zäunen, allgemein an Orten, an denen die Nahrungspflanzen der Raupen wachsen.
Flugzeit Mitte Mai bis September.
Raupe Hellgrün mit gelblichem Kopf, übersät mit dunklen Warzen, von denen jede ein Haarbüschel trägt. Frisst an Ackerwinde und Zaunwinde, an denen sie sich auch verpuppt.
Überwinterung Als Raupe.

→ LEBENSWEISE Dieser ungewöhnliche Schmetterling, auch Winden-Federgeistchen genannt, versteckt sich tagsüber gerne im Gras. In der Abenddämmerung beginnt er zu fliegen und kommt nachts auch an beleuchtete Fenster und in helle Räume. Den langen Fransen an seinen schmalen Flügeln verdankt er den fein schwebenden Flug und vielleicht auch die Bezeichnung »Geistchen«.

ARTEN MIT GELBEN FLÜGELN schneller bestimmen

Du hast einen Schmetterling mit gelben Flügeln entdeckt.

↓

Schaue dir die Fühler und die Flügelhaltung an und entscheide, ob es ein Tag- oder Nachtfalter ist (S. 6).

↓

Hast du die Art als Tag- oder Nachtfalter erkannt, blätterst du weiter zu der Seite, ab der die entsprechenden Falter vorgestellt werden.

AB SEITE 23

Tagfalter

Die Gruppe der Tagfalter mit überwiegend gelber Flügelfarbe ist die kleinste in Mitteleuropa. Nicht alle sind so eindeutig gelb wie der Zitronenfalter oder die Goldene Acht.
→ Einen genauen Blick erfordern Arten wie der Schwalbenschwanz. Sie wirken zwar sehr farbenprächtig, aber auch hier überwiegt ein sattes Gelb in den Flügeln.

AB SEITE 28

Nachtfalter

Der Gelbspanner ist ein typischer Nachtfalter mit gelben Flügeln. Er ist unverwechselbar.
→ Nicht ganz so einfach ist es bei Arten wie dem Hopfenwurzelbohrer. Hier sind die Geschlechter unterschiedlich gefärbt: die Männchen silbrig weiß, aber mit gelbem Kopf, die Weibchen gelb.

Raupe: grün, auf beiden Seiten mit einem gelben Seitenstreifen →

Hochmoorgelbling

Colias palaeno

Spannweite 4–5 cm
Lebensraum Typische Art der Moore, v. a. im Bereich der Mittelgebirge und Alpen.
Flugzeit Juni bis August in 1 Generation.
Raupe Grün mit schmaler gelber Seitenlinie. Lebt an Rauschbeeren-Sträuchern, deren Blätter und Knospen sie frisst. Verpuppt sich an einem Zweig ihrer Futterpflanze.
Überwinterung Als halb erwachsene Raupe.

→ LEBENSWEISE Der Hochmoorgelbling hat hohe Ansprüche. Er braucht nicht nur Hochmoore mit besonnten Beständen der Rauschbeere, sondern auch blütenreiche Wiesen in der Nähe. Die Weibchen legen ihre Eier ausschließlich an den Blättern der Rauschbeere ab. Für die Raupen wäre damit ausreichend gesorgt. Der Falter aber muss zum Nektartanken auf die Randgebiete des Moors ausweichen, denn Moore sind eher blütenarm.

Grüne Raupe mit gelber Seitenlinie →

Goldene Acht

Colias hyale

Spannweite 4,5–5 cm
Lebensraum Falterart des offenen Geländes. Man findet sie häufig in blütenreichen Wiesen, Klee- und Luzernefeldern.
Flugzeit Mai bis Oktober.
Raupe Einfarbig grün, typisches Kennzeichen ist ein orange-gelber Streifen an jeder Körperseite. Die Raupe lebt an Luzerne, Klee- und Wickenarten.
Überwinterung Als Raupe gut versteckt in der Bodenstreu.

LEBENSWEISE Typisch für diesen Falter ist sein schneller, unruhiger Flug. Das lässt ihn selbst für Vögel zu einer schwierigen Beute werden. In Ruhe sitzt er vorwiegend auf violetten Blüten, dann erkennt man auf den zusammengeklappten Flügeln die kleine 8, der er seinen Namen verdankt. 2017 hat man die Goldene Acht zum Schmetterling des Jahres gekürt, um auf ihren Rückgang aufmerksam zu machen.

Winterstarre: Zitronenfalter überwintern oft zwischen Grashalmen frei am Boden →

Zitronenfalter

Gonepteryx rhamni

Spannweite 5–6 cm
Lebensraum Waldränder, Hecken, Parks und Gärten.
Flugzeit Nach der Winterstarre von Februar bis Juni/Juli, nach der Sommerstarre von September bis Oktober.
Raupe Grün, unbehaart, mit weißlichen Seitenstreifen. Frisst an den Blättern von Faulbaum- und Kreuzdornsträuchern.
Überwinterung Als Falter.

→ LEBENSWEISE Der Zitronenfalter gehört zu den langlebigsten Schmetterlingen. Er kann 10–11 Monate alt werden. Im Frühling fliegt er als einer der ersten und ist bis Mitte Juni aktiv. Die Eiablage erfolgt im April, die Raupen fressen bis Mai/Juni. Die neue Faltergeneration schlüpft in den ersten Juliwochen. Während der heißen Sommerzeit fallen diese Schmetterlinge in eine Sommerstarre. Erst im September werden sie wieder aktiv und fliegen dann bis in den Spätherbst.

Raupe: verströmt bei Berührung einen unangenehmen Geruch →

Schwalbenschwanz

Papilio machaon

Spannweite 5–8 cm
Lebensraum Ist in ganz Europa auf blütenreichen Magerwiesen und Brachflächen, aber auch an Wegrändern und Böschungen sowie in Gärten anzutreffen.
Flugzeit Von April bis fast in den Oktober in meist 2 Generationen.
Raupe Grundfarbe Grün, mit orangeroten und schwarzen Flecken. Frisst an Wilder Möhre, Wiesenkümmel und anderen Doldenblütlern, im Garten auch gerne an Möhren.
Überwinterung Als Puppe.

→ LEBENSWEISE Der Schwalbenschwanz verdankt seinen Namen 2 schwanzartigen Fortsätzen an den Hinterflügeln. Er ist ein ausdauernder Flieger und streift weit umher. Im Hochsommer ist er gut am Schmetterlingsstrauch im Garten zu beobachten. An Berg- und Hügelkuppen warmer Gegenden treffen sich die Falter zur Balz.

Raupe: gut 4 cm lang →

Segelfalter

Iphiclides podalirius

Spannweite 6–7,5 cm
Lebensraum Trockenes, warmes schlehenreiches Gelände. Schmetterling, der im Mittelmeerraum verbreitet und häufig auftritt, nördlich der Alpen aber nur lokal vertreten ist.
Flugzeit Mai bis Juli.
Raupe Raupe grün und walzenförmig, im vorderen Drittel verdickt. Mit gelben Schrägstreifen. Lebt bevorzugt an Schlehe, geht daneben auch an Felsenbirne und Weißdorn. Verpuppung an einem Zweig der Futterpflanze.
Überwinterung Als Puppe.

→ LEBENSWEISE Dieser typische Vertreter südeuropäischer Schmetterlinge kommt bei uns nur in milden Gebieten vor. Flurbereinigung von Weinbergen und das Verschwinden von Schlehenhecken ließen ihn bei uns selten werden. Die Falter leben von Blütennektar. An sonnigen Berghängen treffen sie sich zu Balz und Paarung.

❶ Hornissen-Glasflügler

Sesia apiformis

STECKBRIEF 3–4,5 cm Spannweite • Gewässerufer mit Pappeln • Mai bis Juli • Tagaktiver Nachtfalter, der an eine Hornisse erinnert • Körper gelb und dunkelbraun gestreift, Flügel durchsichtig, mit braunen Rändern • Raupen leben in Stämmen und Wurzeln von Pappeln.

❷ Gelbspanner

Opisthograptis luteolata

STECKBRIEF 3–4 cm Spannweite • Feuchte Heckenlandschaften, Bachschluchten, lichte Mischwälder • April bis Juli • Unverwechselbarer gelber Nachtfalter, zitronengelb mit rötlichen Flecken am Vorderrand • Raupe grünlich bis bräunlich, entwickelt sich an Heckenkirschen, Weißdorn und Schlehe.

❸ Fleckenspanner

Pseudopanthera macularia

STECKBRIEF 2,6–3 cm Spannweite • Bewohner von warmen Waldrändern und Lichtungen • April bis Juli in 1 Generation • Tagaktiver, unverwechselbarer Nachtfalter, gelb mit auffälliger brauner Fleckenzeichnung • Raupen grün, mit mehreren weißen Linien, an Taubnessel und Hauhechel.

❹ Ockergelber Blattspanner

Camptogramma bilineata

STECKBRIEF 2–3 cm Spannweite • Häufig auf krautreichen Waldlichtungen und in feuchtem Buschland • Mai bis August • Flügel gelbbraun, von zahlreichen hellen und dunklen Querlinien durchzogen • Raupen grün mit heller Seitenlinie, fressen an vielen Pflanzen, z. B. Sauerampfer und Sonnenröschen.

Raupe: grüner Bauch und brauner Rücken →

Heller Sichelflügler

Drepana falcataria

Spannweite 3–3,5 cm
Lebensraum Verbreiteter Schmetterling, der in Wäldern, Mooren und Heiden mit Erlen- und Birkenbeständen lebt.
Flugzeit April bis September.
Raupe Rücken rotbraun, Bauchseite grün. Lebt auf Erle und Birke. Typisches Verhalten: Knickt ein Blatt um, spinnt die Ränder zusammen und bildet so einen schützenden Kokon. Auch die Verpuppung erfolgt in einer solchen Hülle.
Überwinterung Als Puppe, die mit dem herbstlichen Laubfall in ihrer Blatttasche zu Boden fällt.

→ LEBENSWEISE Tagsüber ruhen die Falter gut getarnt an Baumstämmen. Werden sie aufgescheucht, fliegen sie gaukelnd und unsicher ein Stück und setzen sich wieder ab. Dabei werden ihre sichelartigen Flügelspitzen gut sichtbar. Sie gaben einer ganzen Schmetterlingsfamilie den Namen: Sichelspinner.

Raupe: schwarz, an jedem Körpersegment dicht behaart →

Elfenbein-Flechtenbär

Cybosia mesomella

Spannweite 4 cm
Lebensraum Warme Kiefernmischwälder, sonnige Waldränder, offenes Buschland in wärmebegünstigter Lage, Moorwiesen und Auwälder.
Flugzeit Mai bis etwa Mitte August.
Raupe Schwarz, dicht behaart. Lebt von Erdflechten und Moosen.
Überwinterung Als Raupe.

→ LEBENSWEISE In den Sommermonaten sitzt dieser Flechtenbär häufig ruhig an Stämmen. Wird er tagsüber aufgescheucht, fliegt er meist nur ein kurzes Stück und lässt sich wieder nieder. Er ist hauptsächlich nachts aktiv. Das Weibchen legt die Eier im Juni an Raupenfutterpflanzen wie etwa Gelbflechten, Rentierflechten und Lebermoosen ab. Die Raupen schlüpfen im August, überwintern und verpuppen sich im nächsten Mai in einem lockeren Gespinst zwischen Moosen und Flechten.

❶ Vierpunkt-Flechtenbär

Lithosia quadra

STECKBRIEF 3,5–5,5 cm Spannweite • Fichtenwälder, Gärten, Parks • Juli bis August • Flügel lang gestreckt, Weibchen gelb mit 2 dunklen Flecken, Männchen grau, ohne Flecke, Kopf schwefelgelb • Raupe braunschwarz, lebt von Baumflechten, auch von den Raupen der Nonnenfalter.

❷ Gelbe Tigermotte

Spilosoma lutea

STECKBRIEF 3–4 cm Spannweite • Parks und Gärten, Hecken und Waldränder • Mai bis August • Flügel gelb, mit einer Bogenreihe schwarzer Punkte, Form dreieckig, Körper schwarzgelb geringelt • Raupen braun, stark behaart, fressen an einer Vielzahl von Kräutern, leben auch an Sträuchern.

Weibchen: dottergelb mit roten Streifen →

Großer Hopfenwurzelbohrer

Hepialus humuli

Spannweite Männchen 5–5,5 cm, Weibchen 5,5–6,6 cm
Lebensraum Offenes Grasland, feuchte Waldlichtungen, Flussauen. Auch in Hopfenkulturen.
Flugzeit Mai bis August.
Raupe Weiß oder grauweiß mit graubraunen Flecken. Die Raupen leben an den Wurzeln von Hopfen, Löwenzahn, Ampfer, Huflattich und anderen krautigen Pflanzen.
Überwinterung Als Raupe.

→ LEBENSWEISE Weil sie über einen längeren Zeitraum verteilt schlüpfen, kann man diese Falter von Mai bis Mitte August beobachten. Die Lebenszeit der einzelnen Falter beträgt jedoch nur etwa 1 Woche. Tagsüber sitzen sie ruhig im Gras, in der Dämmerung werden sie aktiv. Dann sieht man oft auffällige Schauflüge der Männchen. Paarungsbereite Weibchen erheben sich daraufhin auch in die Luft. Die Eier streuen sie im Tiefflug über dem Boden aus.

ARTEN MIT ORANGE-FARBENEN FLÜGELN schneller bestimmen

Du hast einen Schmetterling mit orangefarbenen Flügeln entdeckt.

↓

Schaue dir die Fühler und die Flügelhaltung an und entscheide, ob es ein Tag- oder Nachtfalter ist (S. 6).

↓

Hast du die Art als Tag- oder Nachtfalter erkannt, blätterst du weiter zu der Seite, ab der die entsprechenden Falter vorgestellt werden.

AB SEITE 35

Tagfalter

In dieser Gruppe findest du nicht nur so eindeutig und leicht zu bestimmende Arten wie den Dukatenfalter oder den Kleinen Fuchs, sondern auch die schwierig zu unterscheidenden Perlmuttfalter.

⟶ Alle in Mitteleuropa bekannten 17 Arten zeichnen sich durch orangefarbene Flügeloberseiten mit schwarzen Flecken oder Streifen aus. Hilfreich beim Bestimmen ist bei diesen Faltern oft ein Blick auf die Flügelunterseite.

AB SEITE 46

Nachtfalter

Einer der auffälligsten Nachtfalter mit orangefarbenen Flügeln ist der relativ große Nagelfleck.

⟶ Klein, aber auch auffällig sind die Kieferntriebwickler, wenn sie bei warmer Dämmerung um Kiefern schwärmen.

FLÜGEL ORANGE

Volksname »Silberstrich«: silberweiße Streifen auf olivgrüner Flügelunterseite →

Kaisermantel

Argynnis paphia

Spannweite 5,6–6,5 cm
Lebensraum Verbreitet, an Waldrändern, Waldwegen und auf blütenreichen Waldwiesen zu beobachten.
Flugzeit Juni bis September.
Raupe Über 5 cm lang. Braunschwarz, mit doppeltem gelbem Längsstreifen auf dem Rücken und gelblich weißen verzweigten Stacheln. Frisst an verschiedenen Veilchenarten.
Überwinterung Als frisch geschlüpfte Jungraupe gut geschützt in Rindenspalten.

LEBENSWEISE Auf sonnigen Waldlichtungen eilt der Falter von Blüte zu Blüte. Besonders häufig saugt er Nektar an den Blüten von Disteln und Dost. Hier kann man auch die Balztänze der Männchen beobachten, bei denen sie die Weibchen immer wieder über- und unterfliegen. Dabei lösen die Duftschuppen der Männchen die Paarungsbereitschaft der Weibchen aus.

Braunweiße Zeichnung und 5 Augenflecke an der Hinterflügel-Unterseite →

Distelfalter

Vanessa cardui

Spannweite 4,5–6 cm
Lebensraum Verbreitet auf Wiesen, in Parkanlagen und Gärten.
Flugzeit Mai bis September.
Raupe Dornig behaart und sehr variabel gefärbt, Farbtöne von Olivgrün über Grau bis Schwarz sind möglich, immer jedoch mit gelben Punkten und Streifen. Lebt von Disteln, Brennnesseln, Huflattich und anderen krautigen Pflanzen.
Überwinterung Als Falter, aber nur südlich der Alpen.

→ LEBENSWEISE Der Distelfalter ist ein Wanderfalter. Er fliegt jährlich aus dem Mittelmeerraum über die Alpen nach Norden. Die ersten Falter treffen im Mai bei uns ein, pflanzen sich hier fort und fliegen dann in 1–2 Nachfolgegenerationen bis September durch unsere Gärten. Besonders gut sind sie am Schmetterlingsstrauch zu beobachten. Im Herbst kehren viele in den Süden zurück.

❶ Wegerich-Scheckenfalter

Melitaea cinxia

STECKBRIEF 3,4–4 cm Spannweite • Blütenreiche Magerwiesen, Waldsäume • Mai–Juli • Flügeloberseite orange, mit schwarzem Gittermuster, Unterseite gelbweiß mit schwarzen Punktreihen • Raupe schwarz mit weißen Pünktchen, bedornt.

❷ Wachtelweizen-Scheckenfalter

Melitaea athalia

STECKBRIEF 3,5–4 cm Spannweite • Halbfeuchte Waldwiesen, Waldränder • Mai bis August • Oberseits orangebraun, mehrere Reihen rundlicher und quadratischer Flecke, unterseits gelbe und weiße Fleckenbinden • Raupe schwarz mit weißen Pünktchen.

Raupe: lebt ausschließlich auf Brennnesseln →

Kleiner Fuchs

Aglais urticae

Spannweite 4–5 cm
Lebensraum Einer unserer häufigsten Tagfalter. Fliegt an Waldwegen, Waldrändern, in Heckenlandschaften und ganz allgemein überall dort, wo Brennnesseln wachsen.
Flugzeit Februar bis Oktober.
Raupe Grünlich schwarz, gelb längs gestreift, dornig behaart. Längs der Rückenmitte ein gelber Doppelstreifen. Lebt bis kurz vor der Verpuppung gesellig in »Nestern« an den Spitzen von Brennnesseln.
Überwinterung Als Falter in gut geschützten Verstecken, auch in Garagen, Kellern und auf Dachböden.

→ LEBENSWEISE Wie Zitronenfalter und Tagpfauenauge gehört der Kleine Fuchs zu den wenigen Schmetterlingen, die als Falter überwintern. Schon früh im Jahr kommt er aus seinem Versteck und besucht Frühblüher wie den Huflattich, um Nektar zu saugen.

❶ Großer Fuchs

Nymphalis polychloros

STECKBRIEF 5,5–6 cm Spannweite • Seltener als der Kleine Fuchs. Lebt an Waldrändern, in offenem Gelände mit Gebüsch, in Obstplantagen • April bis August • Typisch: Vorderflügel orange mit 4 schwarzen Flecken, kein Weiß an der Flügelspitze • Raupe schwarz, mit gelben Längsstreifen, bedornt.

❷ C-Falter

Polygonia c-album

STECKBRIEF 4,5–5 cm Spannweite • Waldränder, buschreiches Gelände • April bis September • Typisch: orange mit vielen schwarzen Flecken, geschlossene Flügel rindenfarbig, Flügelrand zackig, weißes C im Hinterflügel • Raupe schwarz, orange gestreift, bedornt, weißer Fleck auf dem Rücken.

❶ Großer Perlmuttfalter

Speyeria aglaia

STECKBRIEF 5–6 cm Spannweite • Wälder, Waldsäume, Lichtungen • Juni bis August • Flügeloberseite orange mit schwarzen Flecken, Bändern und Halbmonden, Unterseite moosgrün mit Silberflecken • Raupe schwarz, bedornt, mit orangeroten Punktreihen an den Seiten. An Veilchenarten.

❷ Kleiner Perlmuttfalter

Issoria lathonia

STECKBRIEF 3,6–4,8 cm Spannweite • Auf trockenem Ödland, Heideflächen • April bis Oktober • Oberseite orange mit schwarzen Flecken, unverwechselbar große Silberflecke auf der Unterseite der Hinterflügel • Raupe graubraun, mit doppelter weißer Rückenlinie und gelbbraunen Dornen.

❸ Feuriger Perlmuttfalter

Fabriciana adippe

STECKBRIEF 5–5,8 cm Spannweite • Waldwiesen, Waldlichtungen, Waldränder, v. a. im Bergland • Juli bis September • Oberseits orange mit dem für Perlmuttfalter typischen Muster aus schwarzen Punkten und Binden, unterseits gelblich braun mit Silberflecken • Raupe schwarz-weiß gemustert.

❹ Mädesüß-Perlmuttfalter

Brenthis ino

STECKBRIEF 3,6–4 cm Spannweite • Feuchtes, offenes Waldland, Sumpfwiesen • Mai bis August • Flügeloberseite mit schwarzen Flecken auf orangefarbenem Grund, Unterseite der Hinterflügel in Gelbtönen gemustert, lilafarbener Streifen, keine Silberflecke • Raupe graubraun, lebt an Mädesüß.

Unterseite der Hinterflügel: grau, →
mit 7 kleinen »Augen«

Mauerfuchs

Lasiommata megera

Spannweite 4–5,2 cm
Lebensraum An den Mauern alter Gemäuer in sonniger Lage, auch in Steinbrüchen und an Felswänden.
Flugzeit April bis Oktober. Der einzelne Schmetterling wird aber nur 3 Wochen alt.
Raupe Grasgrün, kurz behaart, mit vielen weißen Pünktchen. Lebt und frisst meist nachtaktiv an verschiedenen Grasarten.
Überwinterung Als halb ausgewachsene Raupe in der bodennahen Vegetation.

→ LEBENSWEISE Bei diesem Falter ist der Name Programm. Er hält sich gerne an sonnigen Mauern von Burgen und Häusern auf. Auch an Steinmauern in Gärten ist er zu sehen. Hier verteidigen die Männchen ein Revier und warten auf die Weibchen. Ihre zusammengeklappten Flügel tarnen sie auf dem Steinuntergrund perfekt. Die Eier werden an Gräser wie etwa Knäuelgras geheftet.

❶ Kleines Wiesenvögelchen

Coenonympha pamphilus

STECKBRIEF 3–3,6 cm Spannweite • Häufig auf trockenen Grasflächen, Straßenböschungen, Wiesenrainen • April bis September • Oberseite orange, Unterseite gelbbraun mit dunklem, gelb umrandetem Augenfleck • Raupe grün, mit dünnen hellen Längssteifen. Frisst meist nachts an Grasarten.

❷ Rostfarbiger Dickkopffalter

Ochlodes sylvanus

STECKBRIEF 3–3,5 cm Spannweite • Mit Büschen bestandenes sonniges Gelände • Mai bis August • Oberseits rostbraun mit orangefarbenen Flecken, Männchen: in der Mitte der Vorderflügel dunkler Duftschuppenstrich, Fühler an der Spitze hakenförmig • Raupe graugrün, frisst an Grasarten.

Weibchen: im Unterschied zum Männchen oberseits dunkel gefleckt →

Dukatenfalter

Lycaena virgaurea

Spannweite 3–3,5 cm
Lebensraum Blütenreiche Feuchtwiesen, Waldränder, feuchte Waldlichtungen. Durch Trockenlegung ist dieser Schmetterling vielerorts selten geworden.
Flugzeit Juni bis September.
Raupe Grün, mit hellgelben Längsstreifen. Entwickelt sich an Sauerampfer. Die graugrünen Eier werden einzeln an die Blätter von Sauerampfer abgelegt.
Überwinterung Als Ei.

→ LEBENSWEISE Auf blütenreichen Wiesen ist dieser orangene Falter nicht zu übersehen. Bei der Nektarsuche fliegt er v. a. Baldrian oder Disteln an. Dort kann man ihn auch mit halb geöffneten Flügeln beim Sonnen beobachten. Dann sieht man die ockerbraunen Unterseiten mit den typischen schwarzen und weißen Flecken. Abends bilden die Falter oft Schlafgemeinschaften in Büschen.

1 Kleiner Feuerfalter

Lycaena phlaeas

STECKBRIEF 2,5–3 cm Spannweite • Verbreitet in offenem Gelände, auf sonnigen Magerrasen, ungedüngten Feuchtwiesen, Brachland • Mai bis August • Vorderflügel orange mit schwarzen Flecken und braunem Rand, Hinterflügel dunkel mit breiter rotbrauner Randbinde • Raupe grün mit roten Streifen.

2 Rosskastanien-Miniermotte

Cameraria ohridella

STECKBRIEF 6–7,5 mm Spannweite, etwa 2,5 mm Körperlänge • Kastanienalleen • Mai bis August • Tanzen wie Mücken um Kastanien • Orange mit silbrigen Querbändern, Beine und Fühler schwarz-hell geringelt, am Flügelrand lange Fransen • Raupe durchscheinend, miniert in Kastanienblättern.

Junge Raupe: Kopf, Rücken und Hinter-
leibsende mit Dornfortsätzen bewehrt →

Nagelfleck

Aglia tau

Spannweite 5,7–7 cm
Lebensraum Buchenwälder, Laubmischwälder mit altem Buchenbestand.
Flugzeit April bis Mai. Männchen fast ausschließlich tagaktiv, Weibchen vorwiegend nachtaktiv.
Raupe Grün, bis zur 3. Häutung mit langen, gegabelten Dornen ausgestattet. Ausgewachsen an einem weißen Seitenstreifen erkennbar. Lebt vorwiegend auf Rotbuchen.
Überwinterung Als Puppe in einem Gespinst in der Bodenstreu.

→ LEBENSWEISE Wenn im Buchenwald das erste zartgrüne Laub ausgetrieben ist, sind an warmen Tagen die orangebraunen Nagelfleck-Männchen unterwegs. In zickzackförmigem Flug suchen sie nach Weibchen. Diese warten bodennah an den Stämmen und locken die Männchen über Sexualduftstoffe an. Die Weibchen legen die Eier einzeln oder in Gruppen an Stamm und Zweige von Laubbäumen.

Raupe: ahmt ein trockenes Zweigstück nach, um für Vögel unsichtbar zu sein →

Schlehenspanner

Angerona prunaria

Spannweite 3,8–4,5 cm
Lebensraum Heckenlandschaften, lichte Wälder, Parks mit Schlehengebüsch.
Flugzeit Mai bis August.
Raupe Graubraun bis rötlich braun. Am Körper mehrere Höcker, die sie wie ein bedorntes Zweigstück aussehen lassen. Sie lebt auf Schlehe, Himbeere und anderen Sträuchern.
Überwinterung Als Raupe.

→ LEBENSWEISE Der v. a. nachtaktive Schlehenspanner fliegt manchmal schon in den Nachmittagsstunden. Mit den fein gesprenkelten dunklen Linien auf den orangebraunen Flügeln ist er unverwechselbar. Auch seine Sitzhaltung ist typisch: Mit Vorliebe ruht er mit flach ausgebreiteten Flügeln auf den Blattunterseiten von Sträuchern. Aufgescheucht fliegt er ein kurzes Stück, setzt sich dann aber gleich wieder regungslos auf das nächste Blatt.

Bei Gefahr streckt die Raupe Vorderkörper und Hinterleib nach oben →

Kamel-Zahnspinner

Ptilodon capucina

Spannweite 3–4,5 cm
Lebensraum Flussbegleitende Laubwälder, Ufergehölze von Seen, Laubmischwälder.
Flugzeit April bis August.
Raupe Meist hellgrün mit einem gelben, mit roten Punkten versehenen Seitenstreifen. Lebt an einer Vielzahl von Laubbäumen, beispielsweise Weide, Birke, Pappel, Buche.
Überwinterung Als Puppe in einem lockeren Gespinst.

→ **LEBENSWEISE Wer diesen Falter beobachten will, sollte sich nachts bei leichtem Regen auf den Weg machen. Und er braucht Geduld. Denn leicht zu finden ist der Kamelspinner nicht, obwohl er weit verbreitet ist. Wenn er ruhig sitzt, faltet er seine Flügel zeltartig zusammen und ahmt mit Farbe und Körperkontur ein dürres Blatt perfekt nach. Auch sein Verhalten unterstützt diese Tarnung: Bei Berührung stellt er sich tot und lässt sich fallen.**

Typisch: eng an den Zweig geschmiegt, ist die Raupe kaum zu erkennen →

Pflaumenglucke

Odonestis pruni

Spannweite 3,5–5 cm
Lebensraum Mischwälder, Obstplantagen, Gärten.
Flugzeit Juni bis August.
Raupe Unverkennbar dunkelgrau mit weißlichen Rückenflecken. Ab August zu finden.
Überwinterung Als Raupe in halb erwachsenem Zustand.

→ **LEBENSWEISE Dieser nachtaktive Falter lebt zwar bevorzugt in Laubmischwäldern, sucht aber zur Eiablage häufig Obstbäume auf. In manchen Jahren können die Raupen an Pflaumen-, Kirsch- und Birnbäumen erhebliche Schäden anrichten. Ein Grund, weshalb dieser Schmetterling in Gärten- und Parklandschaften durch Obstbaumspritzung fast ausgerottet ist. So ist die Pflaumenglucke in Deutschland in ihrem Bestand stark gefährdet und geschützt. Die hilfreichsten natürlichen Schädlingsbekämpfer sind Meisen.**

Raupe: bohrt sich ab September zur Überwinterung in eine Knospe ein →

Kieferntriebwickler

Rhyacionia buoliana

Spannweite 1,6–2,4 cm
Lebensraum Sehr häufig in jungen Kiefernwäldern.
Flugzeit Juni bis August. Schwärmen an warmen Juni- und Juliabenden. Tagsüber sitzen sie unauffällig in den Baumkronen.
Raupe Als Jungraupe dunkelbraun, verfärbt sich später hellbraun. Kopf schwarz. Ausgewachsen bis zu 24 mm lang. Frisst an Waldkiefer.
Überwinterung Als Jungraupe.

LEBENSWEISE Der Kieferntriebwickler ist ein Forstschädling, wurde das aber erst mit der Anlage von Monokulturen. Seine Raupen verursachen an Waldkiefern Millionenschäden. Vor allem 6- bis 12-jährige Kiefern werden befallen. Posthornwickler wird dieser Kleinschmetterling auch genannt, denn seine Raupen verursachen mit ihrem Fraß in den Spitzentrieben junger Kiefern die »Posthornbildung« der Kiefernspitzen.

Raupe: lebt vorwiegend auf den Blättern tief hängender Äste →

Eichen-Sichelflügler

Watsonalla binaria

Spannweite 1,8–3 cm
Lebensraum Warme Eichen- und Hainbuchenwälder, Laub- und Mischwälder.
Flugzeit Von April bis Juni und von Juli bis September in 2 sich ablösenden Generationen.
Raupe Blassbräunlich gefärbt. Frisst fast nur an Eichen, in Ausnahmefällen auch an Birke, Erle und Buche.
Überwinterung Als Puppe in versponnenen Blättern.

→ LEBENSWEISE Die sichelförmig gekrümmten Spitzen der Vorderflügel gaben diesem Falter den Namen »Sichelflügler«. Diese Schmetterlinge sind hauptsächlich nachtaktiv. Als Bewohner ursprünglich blütenarmer Wälder haben sie einen verkümmerten Rüssel, mit dem sie nur Flüssigkeitstropfen aufnehmen können. Aber für die relativ kurze Lebenszeit von 2–3 Wochen reichen die eigenen Fettreserven als Nahrung aus.

ARTEN MIT BLAUEN FLÜGELN schneller bestimmen

Du hast einen Schmetterling mit überwiegend blauen Flügeln entdeckt.

↓

Schaue dir die Fühler und die Flügelhaltung an und entscheide, ob es ein Tag- oder Nachtfalter ist (S. 6).

↓

Du wirst feststellen, dass es bei den blauen Schmetterlingen nur Tagfalter gibt.

AB SEITE 53

Tagfalter

Die Familie der Bläulinge hat den größten Anteil an den Faltern dieser Gruppe. Obwohl die Blaufärbung der einzelnen Bläulings-Arten durchaus unterschiedlich ausfällt, erfordert deren Bestimmung einen gründlichen Blick. Denn die Verwechslungsgefahr ist groß. Und die Tatsache, dass bei vielen Arten nur die Männchen blau gefärbt sind und bei den Weibchen häufig das Braun in den Flügelfarben dominiert, erschwert die Bestimmung zusätzlich.

→ Hier hilft bei der Unterscheidung ein Blick auf die Färbung der Flügelunterseite. Dort finden sich auf meist heller Grundfarbe arttypische schwarze oder orangefarbene, längliche oder runde Flecke unterschiedlicher Größe.

Weibchen: braun-weiß gemustert, nicht schillernd →

Großer Schillerfalter

Apatura iris

Spannweite 6–7 cm
Lebensraum Au-, Laub- und Mischwälder. In Deutschland auf der Roten Liste seltener Tierarten.
Flugzeit Juni bis August in 1 Generation.
Raupe Jungraupe noch braun, ältere Raupen grün mit feinen weißlichen Schrägstrichen und 2 »Kopfhörnern«. Entwickeln sich vorwiegend auf Salweiden, in Ausnahmefällen auch auf anderen Weiden- und Pappelarten.
Überwinterung Als Jungraupe angesponnen in einer Astgabel oder unter einem welken Blatt.

→ LEBENSWEISE Dieser Falter ist nur in den Morgenstunden aktiv. Dann sitzt er auf feuchten Waldwegen an Pfützen, auf Aas oder Kot und nimmt Kohlenhydrate und Mineralien auf. Meist hält er die Flügel zusammengeklappt und zeigt das braune Muster auf ihrer Unterseite. Ab Mittag hält er sich in den Baumwipfeln auf.

Raupe: grün mit 2 gelblich weißen »Kopfhörnern« →

Kleiner Schillerfalter

Apatura ilia

Spannweite 5–6 cm
Lebensraum Misch- und Auwälder, Ufergehölze von Seen, Flussauen, feuchte Waldwege.
Flugzeit Juni bis August in 1 Generation.
Raupe Grün mit feinen gelblichen Schräglinien an den Seiten und 2 dünnen »Hörnern« am Kopf. Frisst am Laub von Pappelarten.
Überwinterung Als Jungraupe in Rindenspalten von Pappeln.

LEBENSWEISE Wie der Große Schillerfalter saugt auch diese Art auf feuchten Bodenstellen an Kot oder Aas. Und auch hier schillert nur das Männchen blau, das Weibchen ist eher bräunlich. Der Kleine Schillerfalter gilt durch den Anbau kanadischer Pappeln als gefährdet. Die Weibchen legen hier zwar ihre Eier ab, aber die jungen Raupen können die im Vergleich zu heimischen Pappelarten dickeren Blätter nicht fressen und verhungern.

Beide Geschlechter: Unterseite mit Punktemuster und orangen Halbmonden →

Hauhechelbläuling

Polyommatus icarus

Spannweite 2,7–3,4 cm
Lebensraum Heidegebiete, blütenreiche Wiesen. Von der Küste bis in die Alpen häufig.
Flugzeit April bis Oktober.
Raupe Blassgrün, kurz behaart. Lebt auf Hauhechelarten, aber auch auf Hornklee und anderen Schmetterlingsblütlern. Wird häufig von Ameisen besucht, da sie aus Analdrüsen Honigtau ausscheidet, den die Ameisen aufnehmen.
Überwinterung Als halb erwachsene Raupe am Fuß der Nahrungspflanze.

→ LEBENSWEISE Von den Dünen der Nordsee über die Wiesen der Mittelgebirge bis zu den Alpen: Diesen Schmetterling trifft man fast überall. Der Hauhechelbläuling ist einer unserer häufigsten Bläulinge. Er fliegt in 2 Generationen. Die Frühjahrsgeneration von Anfang Mai bis Juni, die Sommergeneration von Juli bis in den Herbst.

Flügel unterseits hellgrau, mit schwarzen, weiß gerandeten Punkten →

Vogelwicken-Bläuling

Polyommatus amandus

Spannweite 3,5–4 cm
Lebensraum Grasige Standorte wie Bahndämme, Straßenböschungen, Ackerrandstreifen.
Flugzeit Juni bis August in 1 Generation.
Raupe Grün mit gelblichen Seitenstreifen. Raupenfutterpflanze ist die Vogelwicke.
Überwinterung Als Raupe in der Nähe der Futterpflanze.

LEBENSWEISE Er ist einer der größten heimischen Bläulinge und auch als Prächtiger Bläuling bekannt. Informativer ist jedoch sein heute gebräuchlicher Name: Vogelwicken-Bläuling. Er verweist auf die Futterpflanze der Raupen, die Vogelwicke. Die Spezialisierung auf bestimmte Futterpflanzen zwingt die Falter, dort zu fliegen, wo diese Pflanzen wachsen. Der Falter wird oft mit dem häufigen Hauhechelbläuling verwechselt. Wichtiges Unterscheidungsmerkmal sind die schwarzen Flügeladern beim Männchen.

1 Himmelblauer Bläuling

Polyommatus bellargus

STECKBRIEF 2,8–3,4 cm Spannweite • Braucht Hufeisenklee. Fliegt an Straßenböschungen, auf Trockenrasen • April bis Oktober • Männchen blau mit schwarz-weiß geschecktem Flügelsaum, Weibchen braun, Flügelunterseiten bei beiden mit Punkten und Flecken • Raupe grün.

2 Wundkleebläuling

Polyommatus dorylas

STECKBRIEF 3,2–3,5 cm Spannweite • Wärmeliebend, fliegt an steinigen Wegrändern, auf sonnigen Almwiesen v. a. im Süden Europas. Auf Gebiete mit Wundkleevorkommen beschränkt • Mai bis September • Männchen blau, Weibchen mit dunkelbraunen Flügeloberseiten • Raupe gelbgrün.

Flügelunterseiten: hell graubraun, kleine, weiß umrandete schwarze Flecke →

Rotkleebläuling

Polyommatus semiargus

Spannweite 2,6–3,4 cm
Lebensraum Blütenreiche Mähwiesen, Wiesenraine, grasreiche Waldlichtungen. Weit verbreitet von der Tiefebene bis in alpine Berglagen.
Flugzeit Mai bis Oktober.
Raupe Grün, mit dunkelgrünem Längsstreifen auf dem Rücken. Lebt von verschiedenen Kleesorten, hauptsächlich von Rotklee. Verpuppt sich am Stängel ihrer Futterpflanze.
Überwinterung Als Raupe.

→ LEBENSWEISE Charakteristisch für den Rotkleebläuling ist ein ausgeprägter Sexualdimorphismus: Das Männchen ist tiefblau bis violett gefärbt, die Flügeloberseiten des Weibchens sind dunkelbraun. Die Falter saugen Nektar, v. a. auf verschiedenen rot blühenden Kleearten. Faltermännchen sitzen gerne auf hohen Grashalmen, um ihr Revier zu kontrollieren und zu verteidigen.

Flügelunterseite grau, mit heller Querlinie →

Blauer Eichenzipfelfalter

Favonius quercus

Spannweite 2–3 cm
Lebensraum Eichenwälder, eichenreiche Parklandschaften.
Flugzeit Juni bis August in 1 Generation.
Raupe Rötlich braun oder ockerfarben mit dunkler Rückenlinie. Die Körperfärbung wechselt mit der Entwicklung der Eichenknospen.
Überwinterung Als Ei an den Blütenknospen.

→ LEBENSWEISE Der Blaue Eichenzipfelfalter ist in seiner Entwicklung an Eichen gebunden. Die Eier werden einzeln an Blütenknospen gelegt. Die Raupen fressen an den Knospen, die Verpuppung findet am Stamm statt. Die Falter ernähren sich von Honigtau (süßen Blattlausausscheidungen). Auf der Suche danach fliegen sie um die Baumkronen. Nur an besonders heißen Tagen kommen sie morgens zum Boden, um dort aus Pfützen Flüssigkeit aufzunehmen. Aber bei Störung fliehen sie sofort in die Baumwipfel.

❶ Zahnflügelbläuling

Polyommatus daphnis

STECKBRIEF 2,7–3,4 cm Spannweite • Sonnenbeschienene Bahndämme, Weinbergsbrachen, aufgelassene Steinbrüche, Straßenböschungen • Juni bis August • Männchen oberseits hellblau mit dunklem Saum, unterseits hellgrau mit dunklen Flecken, Weibchen braun • Raupe grün, beborstet.

❷ Geißkleebläuling

Plebejus argus

STECKBRIEF 2,5–3 cm Spannweite • Heidelandschaften, buschbestandene Trockenrasen, Hochmoore • Juni bis September • Flügel des Männchens oberseits blau mit braunem Rand und weißem Saum, Weibchen braun, beide unterseits mit bläulich schwarzen Punkten • Raupe grün oder rotbraun.

❸ Faulbaumbläuling

Celastrina argiolus

STECKBRIEF 2,8–3,4 cm Spannweite • Verbreiteter Bläuling von Waldlichtungen, Waldrändern und heckenreichen Hügellandschaften • April bis September • Beide Geschlechter oberseits hellblau, unterseits hellblau mit schwarzen Punkten • Raupe grün, mit rotem Längssteifen auf dem Rücken.

❹ Alexisbläuling

Glaucopsyche alexis

STECKBRIEF 2,8–3,4 cm Spannweite • Trockenrasen, buschbestandene Hänge • April bis Juli • Flügel der Männchen oberseits blau, die der Weibchen braun, beide mit schwarzem, weiß gesäumten Rand; Flügel unterseits grau mit metallischem Grünanteil und schwarzen Punkten • Raupe grünlich.

Unterseite der Flügel: hell, mit schwarzen, weiß gerandeten Flecken →

Quendel-Ameisenbläuling

Phengaris arion

Spannweite 3,2–4 cm
Lebensraum Trockene Magerrasen mit reichlich Ameisenvorkommen. In Mitteleuropa verbreitet, aber selten, in Deutschland geschützt
Flugzeit Mai bis August.
Raupe Zunächst rosarot, später ockerbraun. Lebt erst auf Feldthymian, später in einem Ameisennest.
Überwinterung Als Raupe in einem Ameisennest, wo auch die Verpuppung stattfindet.

→ LEBENSWEISE Dieser Spezialist für trockene Magerrasen und Steppenheiden gehört zu den sogenannten Ameisenbläulingen. Seine Raupen leben zunächst an Feldthymian, später in den Nestern von Ameisen, v. a. Knotenameisen. Dort lassen sie sich mit den Eiern und Larven der Ameisen füttern. Als Gegenleistung liefern sie ein süßes nahrhaftes Sekret aus ihren Analdrüsen.

Flügelunterseite beigefarben mit schwarzen, weiß gerandeten Punkten →

Heller Wiesenknopf-Ameisenbläuling

Phengaris teleius

Spannweite 2,8–3,6 cm
Lebensraum Typischer Falter feuchter Wiesen; aber nur, wenn es dort den Großen Wiesenknopf und Knotenameisen gibt.
Flugzeit Juni bis August.
Raupe Purpurbraun, mit kleinen Warzen besetzt. Zunächst am Großen Wiesenknopf, lässt sich im Herbst in Ameisennester tragen und lebt dort räuberisch von der Ameisenbrut.
Überwinterung Als Raupe in einem Ameisennest.

→ **LEBENSWEISE Dieser Bläuling lebt in Nasswiesen und an feuchten Grabenrändern. Sein Verwandter, der Quendel-Ameisenbläuling, bevorzugt dagegen trockene Magerrasen. Auch wenn beide Arten sehr ähnlich aussehen, schließen die unterschiedlichen Lebensräume eine Verwechslung doch aus.**

ARTEN MIT GRÜNEN FLÜGELN schneller bestimmen

Du hast einen Schmetterling mit überwiegend grünen Flügeln entdeckt.

↓

Schaue dir die Fühler und die Flügelhaltung an und prüfe, ob es ein Tag- oder Nachtfalter ist (S. 6).

↓

Hast du die Art als Tag- oder Nachtfalter erkannt, blätterst du zu der Seite, ab der die entsprechenden Falter vorgestellt werden.

SEITE 65

Tagfalter

Einziger Vertreter der Tagfalter in dieser Gruppe ist der Grüne Zipfelfalter aus der Familie der Bläulinge. Diese Familie wurde so benannt, weil viele Arten blaue Flügeloberseiten haben. Aber es gibt auch Bläulinge, die keine blauen Flügel haben. Der Grüne Zipfelfalter gehört dazu.

AB SEITE 66

Nachtfalter

In dieser Gruppe findest du nicht nur Schmetterlinge wie den Eichenwickler oder die Weidenkahneule, deren Flügel einheitlich grün sind. Hierher gehören auch Falter, deren Flügel eine andere Farbbeimischung haben, wie die Grüne Eicheneule mit ihrem Schwarz-Grün-Muster oder der Lindenschwärmer, dessen Flügelgrundfarbe von Moosgrün bis Braunrosa variiert.

Grüner Zipfelfalter: einziger heimischer Tagfalter mit grünen Flügelunterseiten →

Grüner Zipfelfalter

Callophrys rubi

Spannweite 2,5–3 cm
Lebensraum Besiedelt trockene, warme Orte: lichte Kiefernwälder, Heiden, Moore. Zwar verbreitet, aber nur noch selten in größerer Zahl anzutreffen.
Flugzeit April bis August.
Raupe Kräftig grün, kurz behaart, mit weißlich gelben Längs- und Schräglinien. Viele verschiedene Nahrungspflanzen, z. B. Ginster, Hornklee, Brombeere, Heidelbeere.
Überwinterung Als Puppe in der Laubstreu.

→ LEBENSWEISE Dieser Falter fliegt zwar schnell, aber meist nur kurze Strecken. Im Flug sieht man seine braune Oberseite. Setzt er sich und klappt die Flügel zusammen, leuchtet er grün wie ein Blatt. In Heidelbeersträuchern, einem häufigen Ruheplatz, ist er dann nur schwer zu finden. Faltermännchen zeigen Territorialverhalten, d. h., sie vertreiben andere Insekten aus ihrem Revier.

Raupe: frisst frisch geschlüpft nur Gänge in Blätter, später das ganze Blatt →

Ampfer-Grünwidderchen

Adscita statices

Spannweite 2,5–3,2 cm
Lebensraum Blumenreiche Wiesen, sowohl Feuchtwiesen als auch trockene Magerrasen.
Flugzeit Mai bis August.
Raupe Dick, kurz behaart, gelber Rücken. Frisst an Ampfer, in Feuchtbiotopen am Großen Sauerampfer, in trockenen Lebensräumen am Kleinen Sauerampfer.
Überwinterung Als junge Raupe.

→ LEBENSWEISE Obwohl die Widderchen zu den Nachtfaltern zählen, sind viele Arten tagaktiv, auch das Ampfer-Grünwidderchen. Diese Falter sitzen oft an den Blüten von Witwenblumen, Disteln oder Kuckuckslichtnelken. Nähert man sich ihnen, verlassen sie ihre Nektarquelle nur selten. Diese Unvorsichtigkeit können sie sich leisten, Blausäureverbindungen in ihrem Körper schützen sie vor Vogelfraß. »Vorsicht, ich bin giftig« sagt ihre Farbe ihren Fressfeinden.

Raupe: ausgewachsen erreicht sie eine Größe von mehr als 4 cm →

Grünes Blatt

Geometra papilionaria

Spannweite 4,5–5 cm
Lebensraum Laub- und Mischwälder in feuchter Lage, Moorgebiete, Birkenalleen, gehölzreiche Gärten.
Flugzeit Juni bis August.
Raupe Zunächst bräunlich, nach der Überwinterung grün. Kleine Höcker am Rücken und gelblich grüne Seitenstreifen. An Birken, Erlen, Weiden, Hasel und anderen Laubbäumen.
Überwinterung Als halb ausgewachsene Raupe an ihrem Futterbaum.

→ LEBENSWEISE **»Grünes Blatt« ist ein wirklich passender Name für diesen dämmerungs- und nachtaktiven Schmetterling. Tagsüber sitzt er auf einem Birkenblatt und vertraut auf seine Tarnung. Und die ist zuverlässig. Mit seiner grünen Farbe, der Flügelform und den wellenartigen Linien auf den Flügeln, die an Blattadern erinnern, könnte man ihn für ein Blatt halten.**

1 Eichenwickler

Tortrix viridana

STECKBRIEF 2–2,4 cm Spannweite • Eichenwälder, Laubwälder mit Eichenbeständen. In manchen Jahren hier Massenvermehrung • Mai bis August • Unverwechselbarer Kleinschmetterling, bekannter Forstschädling. Vorderflügel einheitlich hellgrün, Hinterflügel grau • Raupe grün, dunkler Kopf.

2 Grüne Eicheneule

Griposia aprilina

STECKBRIEF 4–4,8 cm Spannweite • Nachtaktiver Falter in Eichenwäldern, Laub- und Mischwäldern mit Eichenbestand • September–November • Flügeloberseite moosgrün mit Schwarz-Hell-Muster, an den Flügelrändern pfeilförmige Flecke • Raupe rindenfarbig, lebt v. a. auf Eichen.

3 Großer Kahnspinner

Bena bicolorana

STECKBRIEF 4–5 cm Spannweite • Mai bis Juli in 1 Generation • Warme Eichenwälder, alte Parks, Gärten mit Eichen • Vorderflügel hellgrün mit 2 schrägen, parallel verlaufenden, hellen Querlinien, Fühler gelblich • Raupe grün, Raupenfutterpflanze ist die Eiche, überwintert als Raupe.

4 Weidenkahneule

Earias clorana

STECKBRIEF 1,6–2,4 cm Spannweite • An Wasserläufen, in Auenlandschaften, immer in der Nähe von Weiden • Mai bis August • Vorderflügel hellgrün mit weißem Rand, Hinterflügel weißlich • Raupen bräunlich. Futterpflanzen sind Weidenarten. Spinnen sich aus Weidenblättern eine Wohnröhre.

Raupen: fressen nur nachts, tagsüber
ruhen sie auf den Blattunterseiten →

Lindenschwärmer

Mimas tiliae

Spannweite 7,5 cm und mehr
Lebensraum Lindenalleen, große Parks und Gärten, auch in lichten Laubmischwäldern.
Flugzeit Mai bis Juli.
Raupe Jungraupen grünlich, erwachsene Raupen rosabraun, bis über 6 cm lang, ohne Behaarung. Fressen v. a. an Linde, aber auch an Birke und Erle, selten an Kirsche oder Eiche.
Überwinterung Als Puppe unter lockeren Grasbüscheln am Boden ihres Nahrungsbaumes.

→ LEBENSWEISE Lindenschwärmer fliegen zwar von Mai bis Juli, aber die Lebensdauer des einzelnen Falters ist nur kurz. Weil sie nur mit einem verkümmerten Saugrüssel ausgestattet sind, können sie keine Nahrung aufnehmen und besuchen auch keine Blüten. Dieser weit verbreitete Schwärmer fliegt schnell, aber nicht sehr ausdauernd durch die späte Abenddämmerung.

FLÜGEL GRÜN

❶ Oleanderschwärmer

Daphnis nerii

STECKBRIEF Über 7,5 cm Spannweite • Im Mittelmeerraum häufig, z. T. in Süddeutschland durch vermehrtes Anpflanzen von Oleander in Gärten • Juni bis September • Vorderflügel mit grünen und lila Feldern • Raupe grün, über 10 cm lang.

❷ Zweibindiger Nadelwald-spanner

Hylaea fasciaria

STECKBRIEF 3,2–3,9 cm Spannweite • Alte Fichtenwälder im Gebirge • Juni bis August • Oben grün, 2 helle waagrechte Binden. 2 Varianten: in Gebirgswäldern grün, in Kiefernwäldern des Flachlandes rot • Raupen hellbraun, ohne Zeichnung.

ARTEN MIT BRAUNEN FLÜGELN schneller bestimmen

Du hast einen Schmetterling mit überwiegend braunen Flügeln entdeckt.

↓

Schaue die Fühler und Flügelhaltung an und prüfe, ob es ein Tag- oder Nachtfalter ist (S. 6).

↓

Hast du die Art als Tag- oder Nachtfalter erkannt, blätterst du zu der Seite, ab der die entsprechenden Falter vorgestellt werden.

AB SEITE 73

Tagfalter

Diese Gruppe umfasst v. a. Vertreter der Augenfalter. Ihre Flügel sind überwiegend braun, haben ein klares Augenmuster auf der Ober- und eine Tarnfärbung auf der Unterseite. In Ruhe, mit hochgeklappten Flügeln sitzend, sind sie oft nur schwer auszumachen.

⟶ Typisch sind Mohrenfalter, Waldportier-Arten oder das Waldbrettspiel.

AB SEITE 86

Nachtfalter

Hier ist die Familie der Eulenfalter zahlreich vertreten. Es sind meist unauffällig braune Falter mit arttypischen Mustern auf den Vorderflügeln – etwa wellenförmige oder gerade Querlinien. Auch Punkte und Flecke zwischen den Linien oder das Gamma der Gamma-Eule helfen beim Bestimmen.

Flügelunterseite: Muster in Orange und Graugrün, mit weißen Flecken →

Großer Eisvogel

Limenitis populi

Spannweite 6,5–8 cm
Lebensraum Feuchte Laubwälder, Bachtäler.
Flugzeit Juni bis August in 1 Generation.
Raupe Grundfarbe grünlich und schwärzlich, bis zu 4 cm lang, hinter dem Kopf 2 mit weißen Stacheln besetzte Hörner. Lebt meist an Zitterpappeln, selten an anderen Pappelarten.
Überwinterung Als Jungraupe, eingerollt in ein Blattstück.

→ LEBENSWEISE Dieser Schmetterling gehört zu den größten Tagfaltern Mitteleuropas. Er ist ein Bewohner der Baumwipfel. Lediglich in den Vormittagsstunden kann man ihn am Boden beobachten, wenn er an Dung, feuchter Erde und Aas saugt, um Mineralstoffe aufzunehmen. Zur Baumwipfelbalz warten oft Gruppen von Männchen im Laub auf die Weibchen. Im Juli und August legen die Weibchen ihre Eier ab, vorwiegend an die Blätter der Zitterpappel oder Espe.

Flügelunterseite: orangefarben mit breiter weißer Binde →

Kleiner Eisvogel

Limenitis camilla

Spannweite 5–6 cm
Lebensraum Flussbegleitende Wälder. Schattige, feuchte Orte in Laubwäldern.
Flugzeit Juni bis August.
Raupe Grundfarbe Grün, weinrot gefärbte Rückendornen. Frisst v. a. an den Blättern von Waldgeißblatt und Heckenkirsche.
Überwinterung Als junge Raupe, manchmal einzeln, manchmal zu mehreren in einem zusammengerollten Blatt.

→ LEBENSWEISE Dem Kleinen Eisvogel begegnet man oft auf Waldwegen und Lichtungen. Hier fliegt er in geringer Höhe über dem Boden, besucht Blüten oder sitzt an Regenpfützen und Tierkot, manchmal zusammen mit Schillerfaltern. Die Männchen besetzen Reviere, aus denen sie Konkurrenten vertreiben. Die Weibchen legen im Juli die Eier einzeln an die Blattoberseiten der Raupenfutterpfanzen. Etwa 1 Woche später schlüpfen die Jungraupen.

Nach der Überwinterung: Der gelbe Flügelsaum ist weißlich ausgeblichen →

Trauermantel

Nymphalis antiopa

Spannweite 6–7 cm
Lebensraum Feuchtgebiete, Flussufer, Waldränder.
Flugzeit Juli bis September und nach der Überwinterung von März bis Mai.
Raupe Schwarz, bedornt, mit einer Reihe roter Rückenflecken. An den Blättern von Salweide, Zitterpappel und Hängebirke. Lebt bis zur Verpuppung gesellig in einem Gespinst.
Überwinterung Als Falter in Baumhöhlen und im Inneren von Gebäuden. Paarung und Eiablage im nächsten Frühling.

→ LEBENSWEISE Diesen Schmetterling erkennt man schon von Weitem. Mit seinen samtigen braunen Flügeln und dem cremegelben Rand ist der Trauermantel unverwechselbar. Im zeitigen Frühjahr ist er an blühenden Weiden zu beobachten. Im Sommer sieht man ihn an Blüten eher selten. Lieber besucht er zum Trinken Fallobst oder nimmt austretende Baumsäfte zu sich.

Sommergeneration: Flügel dunkelbraun mit weißer Binde und dünnen orangefarbenen Linien

Frühjahrsgeneration: Flügeloberseiten orangefarben und schwarzfleckig

Landkärtchen

Araschnia levana

Spannweite 3,2–4 cm
Lebensraum Wald- und Heckenränder, Parklandschaften und Gärten mit ausgedehnten Brennnesselflächen.
Flugzeit April bis Mai und Juli bis August in 2 Generationen.
Raupe Etwa 3 cm lang, schwarz, bedornt. Leben gesellig an der Unterseite von Brennnesselblättern, vereinzeln sich vor der Verpuppung.
Überwinterung Als Puppe.

LEBENSWEISE Das Landkärtchen ist ein Musterbeispiel für Saison-Dimorphismus – das unterschiedliche Aussehen zweier Generationen einer Art in Abhängigkeit von der Jahreszeit. Die Frühjahrsgeneration ist oberseits orangefarben und schwarz gefleckt, die Sommergeneration fast schwarz mit einem weißen Band quer über beide Flügel. Die Unterseiten zeigen jeweils ein landkartenähnliches Liniennetz, dem der Falter den Namen verdankt.

Gute Tarnung durch die rindenartige Zeichnung der Flügelunterseite →

Rostbinde

Hipparchia semele

Spannweite 4,8–6 cm
Lebensraum Bevorzugt warmes, trockenes, sandiges Gelände. Fliegt in und am Rand von Kiefernwäldern, auf Heideflächen und Dünen, im Norden Deutschlands in den Dünen von Amrum und Rügen.
Flugzeit Juni bis September.
Raupe Hellbraun mit hellen und dunklen Streifen vom Kopf zum Hinterende. Am Hinterende kurze Schwanzgabel. Frisst nachts an Grasarten, lebt am Tag am Boden verborgen.
Überwinterung Als Raupe.

→ **LEBENSWEISE** **Diese Falter schätzen direkte Sonne. Manchmal sieht man sie mit zusammengeklappten Flügeln auf der Erde oder an Baumstämmen ruhen. Dabei sind sie durch die bräunliche Zeichnung auf der Flügelunterseite gut getarnt. Trotzdem sind sie sehr scheu. Bei Störung fliegen sie schnell und wendig davon.**

In Ruhehaltung sichtbar: weißgraue Binde auf graubrauner Unterseite →

Blauäugiger Waldportier

Minois dryas

Spannweite 4,8–6,2 cm
Lebensraum Moorige Wiesen, Heidegebiete, feuchte Lichtungen in Kiefernwäldern.
Flugzeit Juli bis August in 1 Generation.
Raupe Lang gestreckt, bis zu 4 cm lang, hellbraun, mit mehreren dunklen Längsstreifen. Nahrungspflanzen sind Gräser, an deren Blättern gewöhnlich nachts gefressen wird.
Überwinterung Als Raupe an Büscheln von Pfeifengras und Landreitgras.

→ LEBENSWEISE Früher Vormittag und später Nachmittag sind die 2 Hauptaktivitätszeiten des Blauäugigen Waldportiers. Dieser Falter fällt durch seine langsame hüpfende Flugweise auf, wenn er in geringer Höhe von Blume zu Blume fliegt. Er bevorzugt violette nektarreiche Pflanzen. Das Weibchen lässt die Eier aus der Luft fallen, wenn es dicht über geeignete Raupenbiotope fliegt.

❶ Weißbindiger Mohrenfalter

Erebia ligea

STECKBRIEF 4–4,8 cm Spannweite • Feuchte Laub- und Nadelwälder der Mittelgebirge, hier auf Waldlichtungen, an Bächen • Juli bis August • Flügel braun mit rotbrauner Binde, schwarz gerahmte Augenflecke, Unterseite heller mit weißer Binde vor den Augenflecken • Raupe lebt an Grasarten.

❷ Graubindiger Mohrenfalter

Erebia aethiops

STECKBRIEF 3,8–4,8 cm Spannweite • Auf Waldwiesen, Waldlichtungen und an Waldrändern der Ebene • August bis September • Oberseite schwarzbraun mit roter Binde, darin dunkle Augenflecken mit weißem Kern, Unterseite mit breiter grauer Binde • Raupe hell graubraun, frisst an Gräsern.

Weibchen mit breiter rostbrauner Fläche auf der Flügeloberseite →

Großes Ochsenauge

Maniola jurtina

Spannweite 4–5 cm
Lebensraum Ungedüngte Wiesen, Waldränder und grasige Lichtungen, Straßenböschungen, Gärten. Fehlt auf intensiv genutzten landwirtschaftlichen Flächen.
Flugzeit Mai bis September in nur 1 Generation.
Raupe Grün, mit lockerer weißlicher Behaarung. Frisst nachts an Grasarten, häufig an Rispengras.
Überwinterung Als Raupe an Gräsern in der Bodenvegetation.

→ LEBENSWEISE Einer der häufigsten Tagfalter Mitteleuropas fliegt nicht nur bei Sonnenschein: Das Große Ochsenauge ist auch bei trübem Wetter und sogar bei Sprühregen unterwegs. Sein Flug ist langsam und flatternd. Im Frühsommer sieht man hauptsächlich Männchen. Sie suchen nach frisch geschlüpften Weibchen, die sich verborgen in Grasbüscheln aufhalten. Die Eier werden einzeln an Grashalme in Bodennähe geheftet.

Raupe: frisst bei mildem Wetter auch im Winter →

Brauner Waldvogel

Aphantopus hyperantus

Spannweite 3,8–4,8 cm
Lebensraum Häufig an trockenen sonnigen Waldrändern, Hecken, Bahndämmen.
Flugzeit Juni bis August in 1 Generation.
Raupe Graubraun mit schwarzer Rückenlinie, kurz behaart. Lebt einzeln an verschiedenen Grasarten, v. a. an Rotschwingel, Flattergras und Honiggras. Frisst nachts.
Überwinterung Als halb erwachsene Raupe bodennah an den Futtergräsern.

→ LEBENSWEISE Fliegt ein brauner Schmetterling langsam und bedächtig am Waldrand entlang, handelt es sich oft um den Braunen Waldvogel auf der Suche nach Brombeersträuchern. Typisch ist sein langsamer, torkelnder Flug. Im Frühsommer sieht man oft größere Ansammlungen an Brombeer- und Himbeersträuchern, im Hochsommer an Baldrian- und Thymianblüten.

Raupe: verbirgt sich tagsüber unter Grasbüscheln →

Braunauge

Lasiommata maera

Spannweite 3,7–5 cm
Lebensraum Waldränder, Waldlichtungen, Magerwiesen, felsiges Gelände.
Flugzeit Mai bis September in 2 Generationen.
Raupe Blaugrün, fein kurz behaart. Lebt an Süßgräsern wie Schafschwingel, Wolligem Honiggras, Landreitgras und weiteren. Frisst nachts an den Blättern dieser Gräser.
Überwinterung Die Tiere der zweiten Generation überwintern als halb erwachsene Raupe in der bodennahen Vegetation.

→ LEBENSWEISE Hauptflugzeit dieser Falter ist der späte Nachmittag. Bei der Nektarsuche besuchen sie häufig Disteln oder Witwenblumen. Ihre Sitzwarten haben die Männchen auf gefällten Baumstämmen und Steinen. Hier verteidigen sie ihr Revier und warten auf Weibchen. Nach der Befruchtung werden die Eier von den Weibchen einzeln an trockene Grashalme gelegt.

Beim Ruhen werden die Flügel nach oben zusammengeklappt →

Waldbrettspiel

Pararge aegeria

Spannweite 4–4,5 cm
Lebensraum Waldränder, Waldwege, lichte laubholzreiche Wälder, selten in dichten reinen Nadelwäldern. Meidet als schattenliebende Art die pralle Sonne.
Flugzeit April bis September in 2–3 Generationen.
Raupe Grün, kurz behaart, mit kleiner heller Schwanzgabel. Lebt an verschiedenen Waldgräsern.
Überwinterung Meist als Puppe, seltener als Raupe in der bodennahen Vegetation.

→ LEBENSWEISE Das Waldbrettspiel lässt sich gut an blühendem Dost am Rand eines Laubwaldes beobachten. Der Schmetterling schätzt halbschattige Orte. Hier ist er mit seinen hell-dunkel gefärbten Flügeln gut getarnt. Findet ein Falter einen solchen Platz, nimmt er ihn sofort als Revier in Besitz und vertreibt anfliegende andere Falter mit Nachdruck. Sie werden im Flug wild umgaukelt.

1 Pflaumenzipfelfalter

Satyrium pruni

STECKBRIEF 3–3,2 cm Spannweite • Sonnige Hänge mit Schlehengebüsch, Waldränder, Streuobstwiesen • Juni/Juli • Oberseite braun, Reihe orangefarbener Flecke am Rand der Hinterflügel, Flügelunterseiten heller braun, mit orangefarbener Binde und schwarzem Punktemuster • Raupe grün.

2 Nierenfleck-Zipfelfalter

Thecla betulae

STECKBRIEF 3,5–4 cm Spannweite • Laubwälder, Waldränder, Schlehengebüsch, Streuobstwiesen • Juli bis Oktober • Männchen oben dunkelbraun, Weibchen oben mit orangefarbenem Fleck im Vorderflügel, Flügelunterseiten orangefarben • Raupe gelblich grün, lebt vorwiegend auf Schlehe.

3 Malvendickkopffalter

Carcharodus alceae

STECKBRIEF 2,6–3 cm Spannweite • Sonnige Böschungen, trockene Ruderalflächen mit Malvengewächsen • April bis September • Oberseiten hell- und dunkelbraun marmoriert • Raupe dunkelgrau mit gelbem Nackenfleck.

4 Schlüsselblumen-Würfelfalter

Hamearis lucina

STECKBRIEF 2,5–3,4 cm Spannweite • Waldränder, Lichtungen, Waldwiesen • April bis Juli • Oben dunkelbraun, viele orangefarbene Flecke • Raupe fahlbraun, feine Behaarung, frisst nachtaktiv an Blättern verschiedener Schlüsselblumenarten.

❶ Langhorn-Miniermotte

Nemophora degeerella

STECKBRIEF 1,6–2,2 cm Spannweite • Feuchte Laub- und Mischwälder, Ufergehölze • Mai bis Juli • Tagaktiver Nachtfalter mit überlangen Fühlern, kupferfarben mit breiter gelber Querbinde • Raupe weißlich, miniert in den Blättern bodennaher krautiger Pflanzen, v. a. Buschwindröschen.

❷ Heidekrautspanner

Ematurga atomaria

STECKBRIEF 2,5–3 cm Spannweite • Heideflächen, mäßig feuchte Moorwiesen • April bis September • Tagaktiv. Männchen gelblich braun gesprenkelt, mit Fächerantennen, Weibchen heller gesprenkelt, Antennen nur fadenförmig. Raupe graubraun mit dunkler Rückenlinie, lebt v. a. an Heidekraut.

❸ Großer Frostspanner

Erannis defoliaria

STECKBRIEF 3,5–4 cm Spannweite • Laubwälder, Obstgärten • September bis Dezember • Männchen: Vorderflügel mit welligen braunen Querbinden und 1 schwarzen Punkt, Weibchen: ohne Flügel, hellgrau, schwarz gefleckt • Raupe blass rostbraun, auf Buchen, Eichen, Birken, Obstbäumen.

❹ Kiefernschwärmer

Sphinx pinastri

STECKBRIEF 7–9 cm Spannweite • Kiefern- und Fichtenwälder, Parkanlagen • Mai bis Juli • Unverwechselbarer langflügeliger, dämmerungs- und nachtaktiver Falter von graubraun rindenartiger Färbung, Vorderflügel mit kurzen schwarzen Strichen gezeichnet • Raupe grün, an Kiefer und Fichte.

❶ Eichenspinner

Lasiocampa quercus

STECKBRIEF 5–6,8 cm Spannweite • Heckenlandschaften, lichte Wälder, auch subalpine Zwergstrauchheiden • Mai bis September • Weibchen ockergelb, Männchen rotbraun, beide mit gelber Querbinde und hellem Punkt im Vorderflügel • Raupe gelbbraun, schwarze Querbänderung mit weißen Punkten.

❷ Birkenspinner

Endromis versicolora

STECKBRIEF 5,5–7,5 cm Spannweite • Laub- und Laubmischwälder mit Birkenbeständen • März bis Mai • Unverwechselbar, Grundfarbe Braun, mit charakteristischer weißer und schwarzer Zeichnung • Raupe dunkelgrün, frisst v. a. an Birkenarten, lebt zunächst gesellig, vereinzelt sich später.

3 Schlehen-Bürstenspinner

Orgyia antiqua

STECKBRIEF 2,8–3,2 cm Spannweite • Laub- und Mischwälder • Mai bis Oktober • Männchen rostbraun mit dunklen Querstreifen und weißem Fleck im Vorderflügel, Weibchen flügellos • Raupe graubraun, auf dem Rücken kurze gelbe Haarschöpfe. An Schlehe, Eberesche und anderen Laubhölzern.

4 Kiefernspinner

Dendrolimus pini

STECKBRIEF 5–8 cm Spannweite • Kiefernwälder • Mai bis August • Farbe der Vorderflügel variiert: Braun bis Hellgrau, mit dunklen gezackten Querbinden. Typisch: weißer Fleck im Vorderflügel • Raupe braun-weiß marmoriert, dicht behaart. Frisst hauptsächlich an den Nadeln der Waldkiefer.

Raupen: ziehen in langen Prozessionen zu ihren Fraßplätzen →

Eichenprozessionsspinner

Thaumetopoea processionea

Spannweite 2,5–3,6 cm
Lebensraum Trockene eichenreiche Laubmischwälder.
Flugzeit Juli bis September.
Raupe Weißgrau mit schwarzem Rückenband, langen weißen Haarbüscheln und am Rücken mit in dichten Polstern angeordneten winzigen Brennhaaren. Fraßpflanze: v. a. Eiche.
Überwinterung Als Jungraupe im Ei.

→ LEBENSWEISE Namengebend für diese Schmetterlingsart ist das Verhalten ihrer Raupen. Diese ruhen während des Tages in Gespinstnestern, abends ziehen sie in langen Prozessionen zu ihren Fraßplätzen. Neben den immensen Fraßschäden an allen Eichenarten liegt die schädliche Wirkung v. a. in ihrer Behaarung. Die Raupen besitzen mikroskopisch kleine Brennhaare, die leicht abbrechen, in der Luft umherfliegen und bei Menschen allergische Reaktionen auslösen (Hautausschläge, Atemnot).

❶ Kiefernprozessionsspinner

Thaumetopoea pinivora

STECKBRIEF 3–4 cm Spannweite • Trocken-warme Kiefernwälder, Aufforstungen • Juli bis August • Bräunlich grau, dunkelbraunes Liniengitter am Flügelrand, Vorderkörper pelzig • Raupen grau bis graublau, von Längsstreifen durchzogen, kräftig behaart. Nahrung: Nadeln der Waldkiefer.

❷ Wollafter

Eriogaster lanestris

STECKBRIEF 3–3,5 cm Spannweite • Junge Wälder, Waldränder, gebüschreiches Gelände • März bis Mai • Rötlich braun mit wolligem Hinterende, Vorderflügel mit 2 weißen Flecken und welliger weißer Querlinie. Raupen rot-blauschwarz, behaart, leben tagsüber in einem beutelartigen Gespinst.

❶ Kupferglucke

Gastropacha quercifolia

STECKBRIEF 5,5–8,5 cm Spannweite • Laub- und Mischwälder, Hecken • Juni bis August • Körper und Flügel kupferbraun, manchmal mit blauviolettem Metallschimmer, Flügel mit gewelltem Saum • Raupen variieren von Rindengrau bis Rotbraun. Leben an Faulbaum, Schlehe, Weißdorn.

❷ Grasglucke · Trinkerin

Euthrix potatoria

STECKBRIEF 4,5–6,5 cm Spannweite • Flusstäler, feuchte Niederungen • Juni bis August • Männchen goldbraun, Weibchen gelb, beide mit 1 braunen Linie quer über die Vorderflügel zur Flügelspitze, außerdem im Vorderflügel 2 helle Flecke • Raupe braun, stark behaart, mit weißem Seitenstreifen.

3 Mehlzünsler

Pyralis farinalis

STECKBRIEF 1,8–3 cm Spannweite • Vorratsschädling in Gebäuden, in denen Getreide, Mehl und Sämereien gelagert werden • Juni bis September • Typisch: hell- und dunkelbraune Flügelflächen getrennt durch gelblich weiße Linien, reckt Hinterleibsspitze nach oben • Raupe weißlich.

4 Hausmutter

Noctua pronuba

STECKBRIEF 5–6 cm Spannweite • Parks, Gärten, lichte Laubwälder • Sitzt häufig nachts an der Hauswand • April bis Oktober • Vorderflügel bräunlich mit Hell-Dunkel-Zeichnung und Nierenfleck, Hinterflügel gelb mit schwarzer Randblende • Raupe grün oder erdbraun, frisst an Wildkräutern.

❶ Gammaeule

Autographa gamma

STECKBRIEF 3,5–4 cm Spannweite • Wanderfalter aus dem Mittelmeerraum, häufig an blütenreichen Säumen • Mai bis Oktober, tag- und nachtaktiv • Graubraun mit dem kennzeichnenden griechischen Buchstaben Gamma auf den Vorderflügeln • Raupe grün, frisst nachts an vielen Wild- und Kulturpflanzen.

❷ Braune Tageule

Euclidia glyphica

STECKBRIEF 2,5–3 cm Spannweite • Blumenreiche Waldränder, Feuchtwiesen • Mai bis September, tagaktiver Nachtfalter • Vorderflügel graubraun bestäubt, mit braunen Querbinden, Hinterflügel braun, mit gelbem, von einer braunen Binde geteilten Feld • Raupe braun mit hellen Längsstreifen.

❸ Zackeneule · Zimteule

Scoliopteryx libatrix

STECKBRIEF 4–4,5 cm Spannweite • Feuchte Laub- und Mischwälder mit Pappel- und Weidenbeständen, Moorgebiete • Mai bis August, rein nachtaktiv • Vorderflügel rötlich braun mit feiner weißer, doppelter Querlinie, Außenränder stark gezackt • Raupe grün, lebt von Weiden- und Pappellaub.

❹ Nesselschnabeleule

Hypena proboscidalis

STECKBRIEF 2,5–3,8 cm Spannweite • Bach- und Seeufer, feuchte Wälder, Gärten mit Brennnesselbestand • Mai bis September, dämmerungs- und nachtaktiv • Graubrauner Falter mit gerader brauner Trennlinie in der Flügelmitte und leicht sichelförmig ausgezogenen Flügelspitzen • Raupe grün.

ARTEN MIT MEHRFARBIGEN FLÜGELN schneller bestimmen

Du hast einen Schmetterling mit mehrfarbigen Flügeln entdeckt.

↓

Schaue dir die Fühler und die Flügelhaltung an und entscheide, ob es ein Tag- oder Nachtfalter ist (S. 6).

↓

Hast du die Art als Tag- oder Nachtfalter erkannt, blätterst du zu der Seite, ab der die entsprechenden Falter vorgestellt werden.

AB SEITE 97

Tagfalter

In dieser Farbgruppe gehören nur das Tagpfauenauge, der Admiral und der Osterluzeifalter zu den Tagfaltern.

→ Kräftig rotbraune Flächen und große bunte Augenflecke, leuchtend rote Binden oder ein auffälliges Gelb-Schwarz-Muster sind typisch für diese Schmetterlinge.

AB SEITE 100

Nachtfalter

Viele Nachtfalter zeichnen sich durch unterschiedlich gefärbte Vorder- und Hinterflügel aus. In Ruhestellung sind nur ihre dezent gezeichneten Vorderflügel sichtbar.

→ Bei Störung heben sie die Vorderflügel und zeigen die meist recht bunten Hinterflügel. Beim Abendpfauenauge ist dann ein Feinde abschreckendes Augenpaar zu sehen.

Flügelunterseiten: dunkelblaugrau marmoriert

Tagpfauenauge

Aglais io

Spannweite 5–6 cm
Lebensraum Verbreitet und häufig an Wald- und Wegrändern, in Parks und Gärten mit Brennnesselbeständen.
Flugzeit März bis Oktober in 2 Generationen.
Raupe Schwarz, weiß punktiert, mit schwarzen Dornen. Leben gesellig in einem Gespinst, fressen zunächst gemeinsam auf Brennnesseln, vereinzeln sich mit zunehmender Größe.
Überwinterung Als Falter in geschützten Schlupfwinkeln, auf Dachböden, in Gartenhäuschen oder Baumhöhlen. Nach dem Aufwachen Ende März besuchen sie Huflattichblüten.

→ LEBENSWEISE Wer im Garten nektarreiche Blumen pflanzt und auch eine wilde Ecke mit Brennnesseln zulässt, wird viele Falter ganz aus der Nähe beobachten können, auch das Tagpfauenauge. Im Mai setzen die Weibchen die Eier in kleinen Häufchen an den Blattunterseiten von Brennnesseln ab.

Tarnfarben braun marmorierte Hinterflügel-Unterseite →

Admiral

Vanessa atalanta

Spannweite 5–6 cm
Lebensraum Weit verbreiteter Wanderfalter. Überall dort, wo es Brennnesseln gibt: an Waldrändern, Hecken, auch in Gärten.
Flugzeit April bis Oktober.
Raupe Oberseits überwiegend schwarz, mit gelblicher seitlicher Punktreihe. Kurz bedornt. Lebt einzeln in einem zu einer Tüte zusammengesponnenen Brennnesselblatt, verpuppt sich auch in diesem Schutzgespinst.
Überwinterung Als Falter, im Norden jedoch eher selten.

LEBENSWEISE In den ersten warmen Maitagen fliegt dieser typische Wanderfalter alljährlich aus Südeuropa zu uns in den Norden. Hier legen die Weibchen ihre Eier einzeln an Brennnesselblätter. Bis zum Herbst entwickeln sich 1–2 Faltergenerationen. Die Mehrzahl der Tiere wandert im Herbst in den Süden Europas zurück.

Raupe: bis zu 3,5 cm lang →

Osterluzeifalter

Zerynthia polyxena

Spannweite 5,2–5,6 cm
Lebensraum Heiße, trockene, felsige Hänge, aufgelassene Weinberge, Obstgärten. Auch Ruderalflächen an Dorfrändern, wo die Osterluzei, die Futterpflanze der Raupen, wächst.
Flugzeit März bis Mai, v. a. in Südeuropa, selten bei uns.
Raupe Silbergrau mit schwarzen Punkten. Mit 6 Reihen orangefarbener, mit Stacheln besetzter, fleischiger Dornen.
Überwinterung Als Puppe. Der Falter schlüpft im nächsten Frühling.

→ LEBENSWEISE Der Osterluzeifalter ist ein Frühlingsschmetterling des Mittelmeerraums. Will man ihn sehen, muss man ihm nachreisen. Wer sich in den Osterferien in Italien, Griechenland oder auf dem Balkan aufhält, wird ihn sicher zu Gesicht bekommen. Dieser Falter erscheint Ende März und fliegt dann ziemlich langsam dicht über der Vegetation. Meist ist er sehr ortstreu.

Raupe: gelb-schwarz gezeichnet, bis zu 2 cm lang →

Blutströpfchen

Zygaena filipendulae

Spannweite 3–4 cm
Lebensraum Blütenreiche Wiesen, sonnige Hänge, Wald-, Weg- und Straßenränder. Häufigste Widderchen-Art, weit verbreitet.
Flugzeit Mai bis September.
Raupe Gelb, dick, mit 4 Reihen schwarzer Flecke. Frisst v. a. Hornklee, aber auch Bunte Kronwicke. Verpuppt sich in gelbweißem Kokon, der an Grashalme gesponnen ist.
Überwinterung Als Raupe in der Bodenstreu.

LEBENSWEISE Alle Vertreter der Schmetterlingsfamilie Widderchen haben eine Besonderheit: Sie enthalten Gifte aus blausäurehaltigen Verbindungen. Damit sind sie für ihre Feinde, allen voran Vögel, ungenießbar. Und das machen sie auch deutlich. Ihre Vorder- und Hinterflügel tragen eine dunkelblau-rote Warnfarbe: »Vorsicht, ich bin ungenießbar und giftig!«

Raupe: mit schwarzen und gelben Fleckenreihen gezeichnet →

Sumpfhornklee-Widderchen

Zygaena trifolii

Spannweite 2,8–3,3 cm
Lebensraum Feuchte blütenreiche Wiesen, Sumpfwiesen, auch sonnige Hänge, Küstengebiete.
Flugzeit Mai bis August.
Raupe Grünlich, mit 4 Längsreihen schwarzer Flecke. Lang behaart. Frisst verschiedene Hornkleearten. Frisst bis zur Überwinterung und nach einer Ruhepause wieder vom Frühling an.
Überwinterung Als Raupe in der Bodenvegetation.

→ LEBENSWEISE Die Biotopansprüche dieser Kleewidderchen sind ungewöhnlich. Sie sind deutlicher als andere Widderchen an feuchte Lebensräume gebunden. Manchmal sieht man sie schon Ende Mai in blütenreichen Feuchtwiesen. Diese Falter sind ausgesprochen flugunlustig und lassen sich gut aus nächster Nähe beobachten. Ihre rot-blauschwarze Farbe sorgt dafür, dass kein Vogel mehr als einen ihrer Art versucht.

Der lange Rüssel wird geschickt im Schwirrflug in Blüten gelenkt →

Taubenschwänzchen

Macroglossum stellatarum

Spannweite 4–5 cm
Lebensraum Blütenreiche Hänge, Waldränder, Gärten mit nektarreichen Blüten.
Flugzeit April bis Oktober.
Raupe Grün mit weißen Längsstreifen und kleinen weißen Pünktchen. Bläuliches Hinterleibshorn. Frisst an Labkräutern.
Überwinterung Als Falter oder Puppe. Nördlich der Alpen ist das aber nur in Regionen mit milden Wintern möglich.

→ LEBENSWEISE Das tagaktive Taubenschwänzchen ist ein ausdauernder Flieger. Wenn es im April in unsere Gärten kommt, hat es schon eine weite Reise über Alpenpässe hinter sich – es ist ein Wanderfalter aus dem Süden. Sein Flugverhalten erinnert an das eines Kolibris. Wenn es im Schwirrflug vor Blüten steht, um Nektar zu tanken, schlagen seine Flügel so schnell, dass sie fast unsichtbar werden. Besonders häufig sieht man es im Garten an Phlox.

Raupe: gelbgrün, mit dem typischen Schwärmer-Hinterleibshorn →

Hummelschwärmer

Hemaris fuciformis

Spannweite 4–4,5 cm
Lebensraum Waldränder, Lichtungen, sonnige Auwälder.
Flugzeit Mai bis Juli.
Raupe Gelbgrün, unbehaart, rotbraunes Hinterleibshorn. Nahrungspflanzen: Geißblatt, Heckenkirsche.
Überwinterung Als Puppe.

→ LEBENSWEISE Der tagaktive Schwärmer ahmt mit Färbung, Flugverhalten und Behaarung eine Hummel nach, um vorzutäuschen, dass man sich vor ihm in Acht nehmen sollte. Wenn er aus der Puppe schlüpft, hat er auf seinen Flügeln noch Schuppen, wie man es von einem Schmetterling erwartet. Aber bereits beim ersten Flug verliert er einen Großteil der Schuppen, die Flügel werden durchsichtig wie bei einer Hummel. Doch eines hat er nicht angepasst: Der Hummelschwärmer landet nicht auf den Blüten, sondern steht wie ein Kolibri davor, während er Nektar saugt.

1 Mondvogel

Phalera bucephala

STECKBRIEF 5,5–6,5 cm Spannweite • Laubwälder, Ufergehölze • Mai bis August, ausschließlich nachtaktiv • Sieht von der Seite aus wie ein abgebrochenes Holzstück, Vorderflügelfarbe rindenartig, Flügelspitze mit mondförmig gelbem Fleck, Brustabschnitt verdickt, gelb • Raupe gelb-schwarz.

2 Totenkopfschwärmer

Acherontia atropos

STECKBRIEF 11–13 cm Spannweite • Wanderfalter aus Nordafrika und dem Mittelmeerraum. In Mitteleuropa in warmen Tälern, in Bienenstöcken • Juni bis Oktober • Vorderflügel rindenfarbig, Hinterflügel gelb-schwarz; Totenkopfzeichnung auf der Brust • Raupe gelb mit blauen Schrägstreifen, an Kartoffeln.

❸ Ligusterschwärmer

Sphinx ligustri

STECKBRIEF 11–12 cm Spannweite • Heckenlandschaften, Ufergehölze, Waldränder • April bis September • Vorderflügel dunkelbraun mit hellerem Vorderrand, Hinterflügel und Hinterleib rosa mit schwarzen Querstreifen • Raupe hellgrün mit weiß-violetten Schrägstreifen, an Ligusterhecken.

❹ Mittlerer Weinschwärmer

Deilephila elpenor

STECKBRIEF 6–6,8 cm Spannweite • Uferböschungen, Waldlichtungen, Aufforstungsflächen • Mai bis September • Körper und Flügel olivgrün und rosarot gemustert, Vorderflügel an der Basis weiß gesäumt • Raupen braun, beiderseits 2 Augenflecke, fressen v. a. an Weidenröschen.

Raupe: kann stattliche 9 cm lang werden →

Abendpfauenauge

Smerinthus ocellata

Spannweite 7–8,5 cm
Lebensraum Flussufer, Parklandschaften mit Fließgewässern, Auwälder, Obstgärten.
Flugzeit Mai bis August.
Raupe Grün, unbehaart, mit weißlichen Schrägstreifen an den Seiten. Lebt v. a. an Weidenarten, aber auch an Obstbäumen.
Überwinterung Als Puppe im Boden.

LEBENSWEISE **Der dämmerungs- und nachtaktive Falter ruht tagsüber gut getarnt an Baumstämmen. Wird er gestört, zieht er ruckartig seine Vorderflügel nach oben und zeigt seine »Pfauenaugen« auf den Hinterflügeln. Damit will er mögliche Fressfeinde abschrecken. Dieser Augenzeichnung verdankt er auch den Namen. Das Abendpfauenauge lebt nur kurz. Weil sein Saugrüssel verkümmert ist, nimmt es keine Nahrung auf. Die Eier werden nachts an Blattunterseiten von Weiden abgelegt.**

Lebt als Jungraupe gesellig, ausgewachsen aber einzeln →

Kleines Nachtpfauenauge

Saturnia pavonia

Spannweite 6–8 cm
Lebensraum Heideflächen, Ödland, warme Lichtungen.
Flugzeit März bis Juni.
Raupe Grün mit schwarzen Querbändern. Futterpflanzen: Brombeere, Schlehe, in Norddeutschland auch Besenheide.
Überwinterung Als Puppe.

→ LEBENSWEISE Die Männchen dieser Nachtfalter sind am Tag aktiv. Die Weibchen dagegen sitzen tagsüber unbeweglich in der bodennahen Vegetation und sind nachtaktiv. Wie also kommen beide zusammen? Es sind Pheromone, arteigene Duftstoffe, mit denen die Männchen von den Weibchen angelockt werden. Mit den großen Fächern an ihren Fühlern finden die Männchen die Duftspur der Weibchen auch über größere Entfernungen. Auf der Suche fliegen sie in schnellem Zickzackflug umher. Die Eier werden in Trauben an Äste und Stängel der Futterpflanzen abgelegt.

Raupe: rollt sich bei Gefahr ein
und stellt sich tot

Brauner Bär

Arctia caja

Spannweite 5–7 cm
Lebensraum Lichte Wälder, Bachtäler, buschbestandenes Grasland.
Flugzeit Juli/August.
Raupe Schwarzbraun. Von dichten Büscheln rotbrauner Haare besetzt, die von weißen Warzen ausgehen. Leben an vielen Futterpflanzen: Ampfer, Brennnessel, Mädesüß, aber auch an Sträuchern wie Brombeere, Himbeere, Schneeball.
Überwinterung Als junge Raupe in der Bodenvegetation.

→ **LEBENSWEISE** **Die auffällig gezeichneten Schmetterlinge fliegen nur nachts. Wie viele Bärenspinner kann sich auch der Braune Bär gegen mögliche Fressfeinde zur Wehr setzen. Zunächst präsentiert er Angreifern, v. a. Vögeln und Eidechsen, seine auffällig gefärbten Hinterflügel. Hilft das nicht, sondert er zwischen Kopf und Brustabschnitt eine übelriechende Flüssigkeit ab.**

Raupe: Kopf und Beine rot →

Schwarzer Bär

Arctia villica

Spannweite 4,5–6 cm
Lebensraum Busch- und Grasland, Steppenheiden. Nördlich der Alpen nur in wärmsten Lagen, südlich der Alpen stellenweise häufig.
Flugzeit Juli/August.
Raupe Schwarz mit Büscheln bräunlicher Haare. An diversen krautigen Pflanzen, z. B. Löwenzahn, Taubnessel, Schafgarbe.
Überwinterung Halb erwachsen als Raupe.

→ LEBENSWEISE In Ruhestellung bedecken die Vorderflügel die Hinterflügel. Werden die Bärenfalter aber gestört, breiten sie die Vorderflügel aus und zeigen die leuchtenden Warnfarben der Hinterflügel. Einmal aufgescheucht, fliegen sie meist nur ein kurzes Stück und suchen dann schnell wieder Schutz in der Deckung. Beim Schwarzen Bären sind die Männchen rein nachtaktiv, die Weibchen sind auch am Tag unterwegs.

Raupe: braucht ungemähte Bachufer mit ihren Futterpflanzen →

Schönbär

Callimorpha dominula

Spannweite 5–6 cm
Lebensraum Feuchte Talwiesen, feuchte Waldlichtungen, Auwälder, dicht bewachsene Bachschluchten.
Flugzeit Mai bis August.
Raupe Auffällig schwarz-gelb gezeichnet, trägt am Rücken kurze Borstenbüschel. Lebt an Brennnessel, Taubnessel, Hahnenfuß und anderen krautigen Pflanzen. Frisst meist nachts, hält sich am Tag im Laub verborgen.
Überwinterung Als junge Raupe im trockenen Laub.

→ LEBENSWEISE Dieser Falter besucht auch am Tag Blüten, um Nektar zu tanken. Der Schönbär gehört zu den Nachtfalterarten, die auch am Tag aktiv sind. Seine bevorzugten Nektarblumen sind Disteln, Wasserdost und Flockenblumen. In Südeuropa sieht man ihn manchmal in kleinen Gruppen langsam durch schattige, feuchte Täler fliegen. Große Hitze meidet er.

Raupe: erinnert mit ihrer schwarz-gelben Färbung an Wespen →

Jakobskrautbär · Blutbär

Tyria jacobaeae

Spannweite 3,5–4 cm
Lebensraum Waldränder, Wegränder, trockene Wiesen, Steinbrüche.
Flugzeit Mai/Juli.
Raupe Gelb-schwarz geringelt, wenig behaart. Die Raupen leben zunächst gesellig an verschiedenen Greiskrautarten, hauptsächlich an Jakobs-Greiskraut. Ausgewachsen vereinzeln sie sich, um sich am Boden zu verpuppen.
Überwinterung Als Puppe.

→ LEBENSWEISE Falter und Raupen des Jakobskrautbären sind auffällig gefärbt, die Falter rot-schwarz, die Raupen gelb-schwarz. »Vorsicht, ich bin giftig« signalisieren sie so ihren Fressfeinden. Warum sind sie giftig? Die Raupen haben sich auf das Jakobs-Greiskraut als Futterpflanze spezialisiert und lagern seine giftigen Alkaloide ein. So sind Raupen und Falter geschützt.

Falter: mit geschlossenen Vorderflügeln perfekt getarnt →

Rotes Ordensband

Catocala nupta

Spannweite 6,7–7,3 cm
Lebensraum Flussniederungen mit Pappelalleen, Parkanlagen, Auwälder.
Flugzeit Juli bis Oktober.
Raupe Dünn, bis zu 7 cm lang, rindenbraun und damit gut getarnt. Lebt von den Blättern verschiedener Pappel- und Weidenarten, frisst nachts, ruht tagsüber an den Zweigen.
Überwinterung Als Ei.

→ LEBENSWEISE Ruht der nachtaktive Falter tagsüber an Baumstämmen, schützt ihn die Nachahmung der Rindenzeichnung auf seinen Vorderflügeln. Droht doch Gefahr, öffnet er diese rasch und zeigt seine leuchtend roten Hinterflügel. Die kurze Schrecksekunde des Angreifers nutzt das Rote Ordensband zur Flucht. Der Schmetterling ernährt sich von den Säften überreifer oder faulender Früchte und von austretenden Baumsäften.

Raupe: kaum von einem Zweig zu unterscheiden

Gelbes Ordensband

Catocala fulminea

Spannweite 5–6 cm
Lebensraum Buschbestandene sonnige Hänge und Waldränder, naturnahe Obstgärten mit Pflaumenbäumen.
Flugzeit Juni bis August.
Raupe Graubraun, schlank, hat Ähnlichkeit mit einem kleinen Zweig. Lebt v. a. an Schlehe und Pflaume.
Überwinterung Als Ei in Rindenritzen der Raupenfutterbäume.

→ LEBENSWEISE Dieser große nachtaktive Falter ist eine ausgesprochen wärmeliebende Art. In Deutschland wird man ihn nur in wärmebegünstigten Regionen im Süden antreffen. Wie alle Ordensband-Arten kann man auch das Gelbe Ordensband mit einem Trick selbst von Weitem anlocken: Man nutzt die Vorliebe der Schmetterlinge für überreifes Obst, streicht einen Brei aus gärendem Apfelsaft, Bier und überreifen Äpfeln auf die Rinde von alten Bäumen und wartet auf den Abend.

Raupe: meist an der Blattunterseite oder am Stängel ihrer Futterpflanze →

Messingeule

Diachrysia chrysitis

Spannweite 3,2–4 cm
Lebensraum Waldränder, Gärten, Stadtparks, Ruderalflächen mit krautigem Pflanzenbewuchs.
Flugzeit Mai bis September in 2 Generationen.
Raupe Hellgrün, mit weißen Rückenlinien und weißen Seitenstreifen. Lebt an krautigen Pflanzen, v. a. an Brennnesseln, aber auch an anderen.
Überwinterung Als halb erwachsene Raupe in der Bodenstreu.

→ LEBENSWEISE Von uns unbemerkt lebt der Eulenfalter in Dörfern und Städten mitten unter uns. Sein bevorzugter Aufenthaltsort sind Ödlandflächen in Baulücken, Gärten oder Parkränder, vorausgesetzt es gibt dort Brennnesseln, Taubnesseln, Löwenzahn, Natternkopf, Wegerich oder Ziest. An solche Biotope hat sich die Messingeule angepasst. In einer ersten Generation fliegt sie von Mai bis Juli, in einer zweiten von Ende Juli bis September.

1 Roseneule

Thyatira batis

STECKBRIEF 3,2–4 cm Spannweite • Laub- und Mischwälder, Waldränder und -wege mit Brombeeren und Himbeeren • Mai bis September • Vorderflügel braun, mit großen weißen, braun gefüllten Flecken • Raupe braun, Höcker auf dem Rücken, ahmt in Färbung und Haltung Vogelkot nach.

2 Ackerwinden-Trauereule

Tyta luctuosa

STECKBRIEF 2,3–2,5 cm Spannweite • Trockenwiesen, Heideflächen, Ödland • Mai bis September • Flügel schwarzbraun marmoriert, Vorderflügel mit hellem Fleck am Rand, Hinterflügel mit weißer Mittelbinde • Raupe braun, mit hellen und dunklen Linien, lebt hauptsächlich an Ackerwinde.

Raupe: schlüpft Ende April, nach dem Laubaustrieb der Birken →

Großes Jungfernkind

Archiearis parthenias

Spannweite 3–3,8 cm
Lebensraum Heidegebiete, Birkenwälder, Birkenmoore, Waldwege und -ränder.
Flugzeit März/April in 1 Generation.
Raupe Grün, mit feinen gelben Längsstreifen. Lebt an Birken, frisst v. a. die zarten, neu ausgetriebenen Blätter.
Überwinterung Als Puppe.

→ LEBENSWEISE Wenn im März/April die ersten Weidenkätzchen blühen, sind sie in der noch frühlingskalten Landschaft oft die einzige Nektarquelle für Insekten. Und so kann man hier um diese Jahreszeit auch Frühlingsschmetterlingen wie dem Großen Jungfernkind begegnen, einem tagaktiven Nachtfalter. Auch er fliegt Weidenkätzchen zum Nektarsaugen an. Manchmal bleibt er in kalten Nächten dort sitzen und wird so steif, dass man ihn am nächsten Morgen einfach von den Zweigen schütteln kann.

Typische Ruhehaltung: Vorderflügel dachförmig über den Körper gelegt →

Goldzünsler

Pyrausta aurata

Spannweite 1,8–2 cm
Lebensraum Weit verbreiteter Nachtfalter, oft in ungedüngten Wiesen und auf grasbewachsenen Ödlandflächen, an Bachläufen und Waldrändern. Wird oft übersehen, weil er sehr klein ist.
Flugzeit Mai bis September.
Raupe Dunkelgrün, gelbliche Rückenlinie. Lebt gesellig in Gespinströhren aus zusammengesponnenen Blättern hauptsächlich von Minze-Arten und Dost.
Überwinterung Als Raupe in der Bodenvegetation.

→ LEBENSWEISE Minzenmotte wird der kleine Falter auch genannt, wohl wegen der Vorliebe seiner Raupen für verschiedene Minze-Arten. Als tag- und nachtaktive Art kann man ihn bei Sonnenschein oft fliegen sehen. An kühlen Tagen bleibt er lieber in der bodennahen Vegetation sitzen. Die Weibchen legen ihre Eier in Gruppen an den Raupenfutterpflanzen ab.

Raupe: wird gut 3 cm lang →

Stachelbeerspanner

Abraxas grossulariata

Spannweite 4,5–5 cm
Lebensraum Feuchte Wälder, Waldränder, Hecken, Obstkulturen mit Stachelbeeren und Johannisbeeren.
Flugzeit Juni bis September.
Raupe Schwarz-weiß mit rötlich gelbem Seitenstreifen, zeigt das Farbmuster des Falters. An den Blättern von Stachelbeeren und Johannisbeeren sowie anderen Laubholzarten.
Überwinterung Als halbentwickelte Raupe in der Bodenstreu.

→ LEBENSWEISE Gelegentlich sieht man einen dieser Falter auch bei Sonnenschein langsam und taumelnd um Obststräucher flattern, aber im Grunde sind Stachelbeerspanner dämmerungs- und nachtaktiv. Wegen ihrer Farbigkeit werden sie auch Stachelbeerharlekin genannt. Alle 3 Entwicklungsstadien – Raupe, Puppe und Falter – tragen ein vergleichbar buntes Farbmuster.

Raupen: bis zur Verpuppung von Mai bis Juli aktiv →

Pappel-Dickleibspanner

Biston strataria

Spannweite 4–5,5 cm
Lebensraum Helle Laubwälder, Bachauen, Gärten, immer an das Vorkommen heimischer Baumarten geknüpft.
Flugzeit Februar bis Mai.
Raupe Graubraun, wie ein dünner Zweig – so ist sie bestens getarnt. An vielen Laubbäumen: z. B. Pappel, Weide, Birke.
Überwinterung Als Puppe in einer Erdhöhle dicht am Stamm des Nahrungsbaumes.

→ LEBENSWEISE Wenn der Pappel-Dickleibspanner auf einem mit Flechten überzogenen Baumstamm sitzt, ist er meisterhaft getarnt. Das grauweiß gesprenkelte Muster seiner Flügel lässt ihn mit dem Untergrund verschmelzen. Fliegend entgeht er unserer Aufmerksamkeit jedoch nicht, denn er ist im Frühling einer der ersten Falter. Schon Ende Februar fliegt er an Waldrändern und in Gärten durch die Dämmerung.

Raupe: im Mai/Juni und im August/ September anzutreffen →

Gitterspanner

Chiasmia clathrata

Spannweite 2,2–2,5 cm
Lebensraum Verbreitet auf Magerwiesen, in offenem Grasland.
Flugzeit April bis September in 2 Generationen.
Raupe Grün, mit weißem Seitenstreifen. Lebt an verschiedenen Kleearten, auch an Luzerne. Die Verwandlung zur Puppe erfolgt in der Bodenstreu.
Überwinterung Als Puppe. Entwickelt sich im April zu einer neuen Schmetterlingsgeneration.

→ LEBENSWEISE Obwohl er als Spanner zu den Nachtfaltern gehört, ist der Gitterspanner, auch Klee-Gitterspanner genannt, nicht nur nachtaktiv. Der kleine Schmetterling fliegt auch am Tag unterschiedlichste Blüten an, um Nektar zu saugen. In offenem Grasland begegnet man ihm ziemlich sicher. Mit dem gitterartigen Muster ist er sehr einprägsam. Ihm verdankt er auch den Namen.

Strecken – zusammenziehen – strecken: Bewegung nach Spannerraupen-Art →

Rosenspanner

Cidaria fulvata

Spannweite 2–2,5 cm
Lebensraum Mit Heckenrosen bestandene Hänge, Gärten.
Flugzeit Juli bis August in 1 Generation.
Raupe Grün, mit weißen Längslinien und gelblichen Querlinien. Lebt an Wildrosen wie Hundsrose und Bibernellrose, frisst aber auch an Blättern und Blüten von Gartenrosen.
Überwinterung Als Ei. Im Mai schlüpfen die Raupen, im Juni findet die Verpuppung zwischen den Blättern des Rosenstrauchs statt. Die Falter schlüpfen im Juli.

→ LEBENSWEISE Wo Heckenrosen stehen, trifft man im Sommer auch diesen Falter. Und weil Zuchtrosen von Heckenrosen abstammen, kennt auch jeder Rosengärtner Falter und Raupen des dämmerungs- und nachtaktiven Rosenspanners. Tagsüber ruhen sie im Laub der Rosensträucher. Die Art ist auch als Gelber Rosen-Bindenspanner bekannt.

Register

Bildnachweis

Fotos von: **Heiko Bellmann/Frank Hecker** (56): 7 o, 8 gr, 13 r, 14 l, 15 l, 20 kl, 21 kl, 23 gr, 25 kl, 30 kl, 31 beide, 33 beide, 36 kl, 48 kl, 54 gr, 58 gr, 59 gr, 62 beide, 63 beide, 67 beide, 68 l, 70 gr, 73 gr, 74 beide, 75 gr, 77 kl, 78 beide, 81 kl, 82 gr, 84 r, 85 l, 86 r, 89 r, 94 beide, 97 gr, 99 beide, 100 gr, 101 beide, 102 kl, 103 beide, 104 r, 107 gr, 114 gr, 116 gr, 118 kl, 128 u, Umschlagklappe hinten innen lo, ro. **Wolfgang Buchhorn/Frank Hecker** (3): 34 o, 44 gr, 60 r **Frank Hecker** (149): 5, 6 alle, 7 u, 8 kl, 9 beide, 10 gr, 11 beide, 12 beide, 13 l, 14 r, 15 r, 16 beide, 17 beide, 18 beide, 19 beide, 20 gr, 21 gr, 22 beide, 24 beide, 25 gr, 26 beide, 27 beide, 28 beide, 29 beide, 30 gr, 32 beide, 34 u, 35 beide, 36 gr, 37 beide, 38 beide, 39 beide, 40 beide, 41 beide, 42 beide, 43 beide, 45 beide, 46 beide, 47 beide, 48 gr, 49 beide, 51 gr, 52, 53 beide, 54 kl, 55 beide, 58 kl, 59 klein, 61 l, 64 beide, 65 beide, 66 gr, 68 r, 69 l, 70 kl, 71 l, 72 beide, 75 kl, 76 beide, 79 beide, 80 beide, 81 gr, 83 beide, 84 l, 85 r, 86 l, 87 beide, 88 beide, 89 l, 90 beide, 91 r, 92 beide, 93 beide, 95 beide, 96 beide, 97 kl, 98 beide, 100 kl, 102 gr, 104 l, 105 beide, 106 beide, 107 kl, 108 beide, 109 beide, 110 beide, 111 beide, 112 beide, 113 beide, 115 beide, 118 gr, 119 beide, 120 gr, 128 o, Umschlagklappe hinten innen lM, lu, ru. **Heidrun Melzer** (1): 50 klein. **Frieder Sauer/Frank Hecker** (12): 4 kl, 50 gr, 51 kl, 69 r, 71 r, 73 kl, 91 l, 114 kl, 117 beide, 120 kl, 121 gr. **Wolfgang Wagner** (12): 23 kl, 56 beide, 57 beide, 60 l, 61 r, 66 kl, 77 gr, 82 kl, 116 kl, 121 kl.

Illustrationen von **Shutterstock** (2): vordere Umschlagklappe (innen) links und rechts oben) und **Stefanie Wawer** (2): vordere Umschlagklappe (innen) rechts unten, Schmetterling S. 2–5).

Impressum

Umschlaggestaltung von GRAMISCI Editorial Design (Claudia Geffert), München, unter Verwendung eines Farbfotos von iStock © gece33.

Mit 240 Farbfotos und 4 Illustrationen

Die Fotos auf der Umschlagklappe vorne außen und das Foto auf der Umschlagklappe vorne innen links stammen aus dem Innenteil.

Mit 240 Farbfotos und 4 Illustrationen.

Unser gesamtes lieferbares Programm finden Sie unter **kosmos.de**. Über Neuigkeiten informieren Sie regelmäßig unsere Newsletter, einfach anmelden unter **kosmos.de/newsletter**.

DER NATURFÜHRER No. 1*

* Quelle: Media Control MC Metis, Deutschland, FY 2021, WG 420 – Natur und WG 422 – Naturführer, Umsatz

MIX Papier | Fördert gute Waldnutzung FSC® C014889 www.fsc.org

Gedruckt auf chlorfrei gebleichtem Papier

ISBN 978-3-440-17398-5-9
Projektleitung: Claudia Salata
Redaktion und Satz: Barbara Kiesewetter, Redaktionsbüro, München
Produktion: Markus Schärtlein
Gestaltungskonzept: GRAMISCI Editorial Design (Claudia Geffert), München
Druck und Bindung: Friedrich Pustet GmbH & Co. KG, Regensburg
Printed in Germany / Imprimé en Allemagne

Vom Ei zum Schmetterling

Schmetterlinge gehören zu den Insekten, die eine sogenannte vollständige Metamorphose durchlaufen. Das heißt, vom Ei bis zum fertigen Schmetterling machen diese Tiere verschiedene Entwicklungsstadien mit ganz unterschiedlicher Lebens- und Ernährungsweise durch. Wir zeigen das am Beispiel des Tagpfauenauges.

Die Raupen vieler Schmetterlinge sind auf eine einzige Futterpflanzenart spezialisiert, ohne die sie nicht leben können. Beim Tagpfauenauge ist es die Brennnessel.

Das Weibchen des Tagpfauenauges legt die Eier in Portionen von 50–100 Stück an der Unterseite von Brennnesselblättern ab.